宇宙と地球と人類の誕生と未来

上室 勇

Isamu Kamimuro

MPミヤオビパブリッシング

まえがき

　私が宇宙に関心をいだいたのは、35歳ごろ『Newton』という科学雑誌の高森先生が、私たちの会社、教育社の取締役で宇宙の話をされたときのことです。

　何か宇宙についての質問がありますかと問われまして、私は、「宇宙は有限ですか、無限ですか」という質問をしましたら、「現時点では有限か、無限かははっきりしない」と答えられました。

　地球も宇宙の星で、私たちも宇宙の一員で、現時点で地球以外に人類と同じような能力をもった生物は存在しているかはっきりわかりません。

　少なくとも地球の中では人類がいろいろな能力を神様から授かっていますので、地球を守っていくと同時に、宇宙に目を向けていろいろな開発をしていかなくてはいけないかと考えます。

　現在、宇宙は膨張し続けているとのことです。その膨張が地球に何らかの影響を与えるかは不明ですが、宇宙、地球、および人の成り立ちを理解しつつ、これからの人生に役立てたいと思います。

上室　勇

目　次

イラスト図版：金子大輔

第1章 宇宙の誕生と未来

1 ビッグバン・インフレーション期（10⁻⁴⁴秒後）

　私たちの宇宙は今から約137億年前にビッグバンで生まれました。1948年アメリカの物理学者ジョージ・ガモフが出した結論です。しかしそのビッグバンがどのようにして始まったかは答えられませんでした。

　その後、アインシュタインの一般相対性理論に量子論を加えた量子重量理論では、宇宙は時間もエネルギーも物質もない「無」から誕生したというのです。

　「無」とは時間、空間、物質、エネルギーのない状態と1982年にソ連生まれの物理学者アレキサンダー・ビレンキンは定義しました。しかし、このような「無」から何かが生まれてくるというのは常識では考えられません。ところが量子論では正反対なのです。

　非常に短い時間の中では、時間や空間、エネルギーが一つの値を取りえず、たえずゆらいでいることを明らかにしています。そして2003年NASAの報告によれば、宇宙誕生が137億年前で、その精度は±2億年ということです。

　宇宙は小さければ小さいほど、真空のエネルギーが高ければ高いほど生まれる確率が高いことがわかりました。私たちの想像とは逆に何もない状態が宇宙を生み出す引き金になっていたのです。

　イギリスの物理学者スティーヴン・ホーキングは宇宙の方程式（波動関数）を解き、量子論的に最も確率の高い宇宙の進化の過程が、ビレンキンが考えた宇宙と一致していること

を明らかにしました。

　私たちの宇宙は最初 10^{-34} センチ（量子論で許される最小の長さ）から始まり、また時間は 10^{-44} 秒から突然始まりました。

　この超ミニ宇宙は高い真空のエネルギーをもっていて、高い真空のエネルギーはアインシュタインの宇宙論と同様、斥力（せきりょく）となって空間を急膨張させる、宇宙のインフレーションです。

　インフレーション膨張は、ビッグバン膨張よりはるかに激しいものです。それは直径１ミリの物体が１秒の１兆分の１のさらに 100 億分の１秒の間に 1,000 億光年の大きさに広がってしまうほどです。

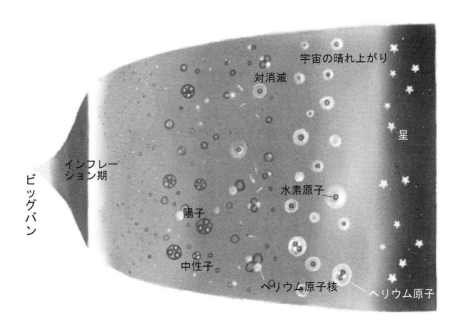

図１　宇宙の誕生の物語

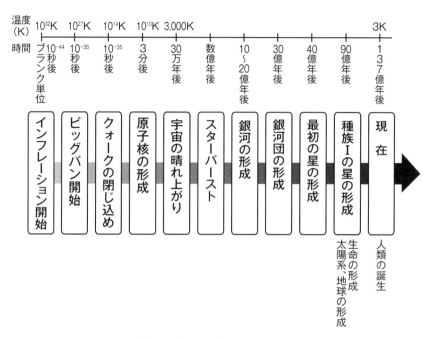

図2 宇宙の進化の概観

　この理論では他にも宇宙がたくさん生まれており、私たちの宇宙はその中の一つかもしれません。

　しかし、何もないところから爆発が起きたとしても、私たちや星を生み出す物質はどのように生まれたのか疑問が残ります。

　インフレーションを起こした宇宙は非常に高いエネルギーをもった古い真空です。このとき古い宇宙の真空が相転移すると、エネルギーは一気に解放され、光のエネルギーに満ちた火の玉になり、物質はこの中でできたのです。

　相対性理論によるとエネルギーと物質は互いに自由に転換できると言います。

2　クォークの閉じ込め(10^{-35}秒後)

　宇宙誕生の 10^{-36} 秒後、宇宙を満たす光から X 粒子と呼ばれる素粒子と反素粒子が多量に作られ、やがてそれらは現在の物質で最小の素粒子であるクォークとレプトン、そしてそれらの反素粒子ができたのです。

　宇宙誕生から 10^{-5} 秒後には宇宙の温度も 1 兆度に下がり、それまで単独で飛び回っていたクォークが三つ集まって陽子や中性子などを作ったのです。

3　原子核の形成(3分後)

　宇宙誕生からの 3 分後には宇宙の温度は 10 億度まで下がり、今度は陽子と中性子が結合してさまざまな元素の原子核が作られました。現在星が輝くための燃料がここで開発されました。

　このとき生まれた原子核は、総数の 92％が水素で、残りの 8％がヘリウムでした。

4　宇宙の晴れ上がり(30万年後)

　これまでの宇宙は、高温のため大量の電子が飛び交っていて、光はこの電子と衝突してしまって直進できず、そのため宇宙は雲のように不透明だったのです。

しかし宇宙の温度が3,000度まで下がると、電子は原子核と融合して「原子」となり、光をじゃましなくなりました。

こうして宇宙は見通しが良くなったのです。原子の中でも同じ性質をもつもの同士を元素といいますが、この元素が最初の星たちの材料となっています。

5 スターバースト(数億年後)

宇宙の始まりのころは、水素とヘリウムしかありませんでしたが、宇宙の密度は大きく、元素がたくさんあったため、大きな星が多数、短時間に形成され、スターバーストと呼ばれます。

そのような星の質量は非常に重く、太陽の数百倍もあったと考えられています。

大きな星は寿命が短いので、すぐに燃えつき超新星爆発を起こし、それはまるで花火のように宇宙全体に起こったと考えられています。

水素とヘリウムからできた最初の星は種族Ⅲと呼ばれていますが、まだ発見されていない未知の天体です。

その後、7億年ほどたつと、クェーサと呼ばれる、小さいものですが銀河十数個分のエネルギーを放出する星ができます。

クェーサのスペクトルは重元素が見られることから、2代目の天体と考えられています。

6 銀河の形成（10〜20億年後）

　大きな体積の物質の崩壊は銀河を形成し、種族IIの恒星はこの初期に形成され、種族I（太陽など）の恒星はその後形成されます。

　最近の研究では銀河は地球から見て反時計回りの回転を伴うパリティ対称性の破れを有していると示唆されています。

　2007年9月6日、ヨハン・シェーデシーの企画は127億光年の位置にクェーサ ICFHOS1641+3755 を発見、これは138億年の宇宙の歴史の7%地点にあたります。

　2004年7月11日、マウナ・ケア山のW・M・ケック天文台を利用してパサディナのカリフォルニア技術研究所のリチャード・エリスとその一員は、132億光年の位置に銀河を形成する六つの恒星を発見しました。

　それは宇宙誕生から5億年の地点で、現在までおよそ10のこのような初期の物体が知られています。

　2011年1月26日、ハッブル宇宙望遠鏡が2009年から2010年に撮影した「ハッブル・ウルトラ・ディープフィールド」に最も遠い天体である「UDFj−39546284」を発見しました。132億3,600万光年先にある天体は銀河であると考えられています。

　核宇宙年代学によると、銀河系（天の川）の円盤は83 ± 18億年前に形成したと考えられます。

7 銀河団の形成（30億年後）

　銀河同士の平均距離は200万光年から300万光年くらいですが、すべての銀河が平均距離で等間隔に分布しているわけではありません。

　むしろ銀河はいくつか集まって銀河団を作る傾向があります。たとえば私たちの銀河はアンドロメダ銀河や他の小さな30個くらいの銀河と群を作っています。その群の大きさは半径300万光年くらいで「局所群」という名前がついています。

　「局所群」から6,000万光年離れたところに「乙女座銀河団」と呼ばれる1,000個以上の銀河の大集団があります。乙女座は春に見えやすい星座で、アマチュアの小さな望遠鏡でも星とは明らかに異なった銀河の姿を数多く見ることができます。星は点状に見えますが、銀河は広がって見えるので違いがわかります。

　現在私たちが見ることのできる「乙女座銀河団」の姿は約6,000万年前の姿です。この距離になると実感が伴わないですが、それが宇宙の広さです。

　さらに遠く、約3億光年離れたところにも、やはり1,000個以上の銀河を含む「髪の毛座銀河団」があり、遠すぎてアマチュアの望遠鏡では見ることができません。

　この二つの銀河団の他にも多くの銀河団が知られています。このような銀河団同士の平均距離は数千万光年ですが、最近になってやはり銀河団も一様に分布しているのではないことがわかってきました。

乙女座銀河団(一部)

我々の銀河から約6,000万光年離れたところにあり、1,000個以上の銀河の大集団

髪の毛座銀河団(一部)

我々の銀河からの距離は約3億光年

宇宙には銀河や銀河団が平均的に散らばっているのではなく、より集まって集団を形成している

図3　銀河の大集団

銀河団がいくつか集まって超銀河団と呼ばれる集団を作っているらしいのです。私たちの銀河が属する「局所群」は「乙女座銀河団」を中心とする50個ほどの銀河団からなる超銀河団の端っこにいるメンバーと考えられています。

8　最初の星の形成（40億年後）

約120億年前には、銀河はすでに宇宙に存在したことが、観測によってわかっていますが、最初の星がいつごろ生まれたのかについては、実は正確なところはわかっていません。

宇宙で最初の星たちはおそらく、太陽の数百倍程度の重さをもっていました。その巨大な星々は、内部でさまざまな元素を創り出した後、超新星爆発を起こして宇宙に消えていきました。こうしてまき散らされた元素が、次の世代の星の種だと考えられています。

9　太陽系、地球の形成（90億年後）

超新星爆発で形成された元素、そして、もともと宇宙にたくさんあった水素とヘリウムを材料として、私たちの太陽系が形成され、その太陽系の一つとして、地球が誕生しました。

このとき地球は、表面がマグマの海でおおわれていました。やがてマグマの海が冷えて固まり個体となって、大地となり

ます。

　太陽系の惑星は、水星、金星、地球、火星、木星、土星、天王星、海王星の八つで、太陽の直径は、約 140 万キロメートル、地球の直径は 127,000 キロメートル、太陽と地球の平均距離は 1 億 5,000 万キロメートルです。

　太陽系の大きさは、直径 4 光年（38 兆キロメートル）。太陽系が銀河核の周りを公転する太陽系の直径の平均は、5 万 6,000 光年で、時間にして 2 億 5,000 万年で 1 周すると推定されています。

10　現在（137億年後）

　現在の宇宙は膨張していますが、このまま膨張し続けるのか、それともある時期で収縮に転じるのかについて考えてみます。それを知るには過去と現在の宇宙膨張の様子を観測するとわかりやすいです。いくつかの方法で調べられていますが、ここでは超新星を使った方法を紹介します。

　超新星とは、巨大な星が一生の最後に起こす大爆発で、まるで新しい星が生まれたかのように明るく輝くので超新星と名づけられています。超新星は一つの銀河全体に匹敵するほど明るく輝くので、すばる望遠鏡などの大望遠鏡を使うと 100 億光年以上かなたの銀河に現れた超新星すら観測できます。

　そして超新星のうち、1 a 型と呼ばれるものは、よく研究されていて、その素性が解明されているので、超新星の真の明る

Ia型超新星の観測

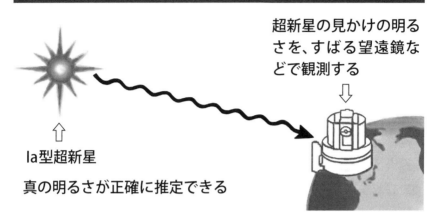

超新星の見かけの明る
さを、すばる望遠鏡な
どで観測する
⇩

⇧
Ia型超新星

真の明るさが正確に推定できる

Ia型超新星の見かけの明るさは、宇宙が一定速度
で膨張していると考えたときよりも暗かった

Ia型超新星は予想よりも遠くにあることになる

宇宙は加速膨張をしていることがわかった

※ Ia型超新星の見かけの明るさは、宇宙の中にどれだけのエネルギー
があるかによっても変わってくるが、それを考慮しても、宇宙は加
速膨張をしていることが明らかになっている。

図4　加速する宇宙膨張

さが正確に推定できます。

　真の明るさが同じなら、遠くのものほど暗く見えるので、見かけの明るさから超新星までの距離を推定できます。

　ただしその暗くなる度合いは、宇宙がどんな膨張をしているかなどの条件によって変わってくるので、ハッブル宇宙望遠鏡やすばる望遠鏡などを使って遠方の多数の１a型超新星を観測、その見かけの明るさを測りました。

　その結果、宇宙が一定速度で膨張していると考えた場合より超新星の明るさが暗い、つまり超新星が予想より遠くにあるという結果が出ました。従って宇宙は現在、膨張の速度がどんどん速くなる加速膨張をしていることがわかったのです。

11　宇宙の未来

　20世紀初頭までは、宇宙は変化することなく、永遠に現状のまま存在し続けるという漠然とした考えがありました。このような考え方は、定常宇宙論と呼ばれています。

　1950年代から1960年代にかけて、支持する研究者が結構いましたが、数々の宇宙の変化の証拠が見つかってくると、支持する研究者は激減しています。

　現在では宇宙には始まりがあり、膨張していることは観測事実を根拠に信じられています。そして、宇宙には終りもあると考えられています。

　しかし、宇宙の終りは、条件によっていくつか違ったものに

万有引力と膨張の力が釣り合っているとき

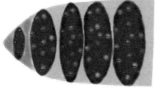

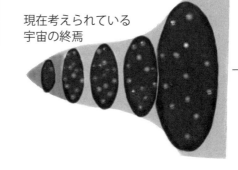

現在考えられている
宇宙の終焉

→ビッグリップ

万有引力が強いとき

膨張の力が強いとき

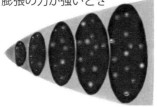

図5 宇宙の三つの最後の形と、現在考えられている最後の形

なると考えられています。膨張する力と万有引力のつり合いによって、最終的にどちらが勝つかによって、宇宙の終り方が違います。引力と膨張の力が釣り合っているとき、万有引力が強いとき、膨張の力が強いときの三つのどれかです。

　万有引力と膨張の力が釣り合っている場合は、そのときの状態のまま宇宙は永遠に留まると考えられています。

　万有引力が勝つときは、膨張はやがて止まり、引力によって収縮し始め、ビッグバンとは逆のことが起こります。そして最終的には宇宙はつぶれてしまいます。これをビッグクランチと呼んでいます。

膨張の力が強いときには、宇宙は永遠に膨張を続けます。宇宙の物質量は一定ですから、密度は低くなり続け、ありとあらゆるものが原子レベルまでまばらになっていきます。星は物質が集まってできるので、星もできなくなります。

　星は燃えつき、やがて中性子星、白色矮星（はくしょくわいせい）、ブラックホールなどの死にたえた天体ばかりになります。

　ブラックホールの運命は定かではありませんが、エネルギーを少しですが出しているようです。となると、長い時間が経つとブラックホールも蒸発してなくなってしまうのでしょう。

　さて、現在の宇宙はどの終りを迎えられるかと言いますと、アインシュタインの一般相対性理論の方程式から求められるもので、宇宙の平均密度や宇宙定数の値等の条件が決まれば、宇宙がどの道を進むかは予測できます。

　宇宙定数は実際の宇宙の密度と、釣り合う状態のみ都度（臨界密度）で表します。臨界密度とは、1平方センチ当たり約 10^{-29} グラムという非常に小さい値です。2005 年現在の一番精度のよい観測結果では、0.98 から 1.06 の間でほぼ釣り合っている状態ですが、膨張していくのではないかと考えられています。

　永遠に膨張し続ける宇宙では、信じられないくらい長い時間をかけて、ゆっくりと終焉を迎えます。

　星形成の停止、ブラックホールの成長と蒸発、輻射しかない宇宙となり、宇宙はすべての物理的構造がバラバラになるビッグリップという状態をたどり、終焉すると考えられています。

第2章 銀河系の誕生と未来

1 銀河系の概要

　銀河系とは、宇宙に数多ある銀河の中でも、人類の住む地球・太陽系を含む銀河の名称で、局部銀河群に属します。

　以前は渦巻銀河の一種と考えられていましたが、20世紀末以後は棒渦巻銀河であるという説が有力になりつつあります。中心には超大質量のブラックホールがあると考えられています。

　現在では私たちのいる銀河系のことを天の川銀河といいます。また地球から見るとその帯状の姿は天の川または銀漢と呼ばれます。

　私たちの銀河系も他の銀河と同様、数多くの恒星や星間ガスなどの天体の集まりで、全質量は太陽（2 × 10 の 30 乗）の 1 兆 2 千 6 百億倍といわれています。

　そのうち可視光などの電磁波を放出している質量の合計は 5.1％以下の 643 億太陽質量で、質量の大部分はダークマター（宇宙最大の謎の一つで、重力の存在のみを確認できる）であると考えられています。

　中心付近には比較的古い恒星からなる密度の高いバルジ（銀河の中央）をもち、それを取り巻くように若い恒星や星間物質からなる直径 8 万・10 万光年のディスクがあります。

　銀河系の中心は、地球から見て、いて座の方向に約 3 万光年離れた所に位置しており、いて座Aという強い電波源があります。いて座Aの中心部には超大質量のブラックホールが存在することが確実視されています。

天の川は天の赤道に対してはるか北のカシオペア座から、はるかみなみじゅうじ座まで達しています。

このことから、地球の赤道面や軌道面である黄道面が銀河面に対して大きく傾いていることがわかります。また、天の川によって天球がほぼ同じ広さの二つの半休に分けられることから、太陽系は銀河面に近い位置にあることがわかります。

2 銀河系の発見(宇宙誕生から10億年後)

天の川（銀河系）が遠く離れた星々からなっているという説を最初に唱えたのは紀元前400年ころの学者デモクリトスです。その後、1609年にガリレオ・ガリレイが望遠鏡を使って天の川を観測し、天の川が無数の星の集まりであると確認しました。

1755年にはイマニエル・カントが、天の川も太陽系と同様に多くの恒星が重力によって円盤状に回転している天体であると唱えました。

1788年にはウィリアム・ハーシェルが恒星の見かけの明るさを距離に対応付けることで恒星の三次元的な空間分布を求める計数観測を行い、天の川（銀河系）が直径約6,000光年、厚み約1,100光年の円盤状の構造であるとし、太陽がその中心であるとしました。

20世紀にはヤコブス・カプタインやハロー・シャプレーによってより正確な銀河系の構造が求められ、21センチ線によ

る電波観測によって、銀河系が渦巻銀河であることが明らかになりました。

　銀河系の年齢は現在、約 129 億年と見積もられています。銀河系で最も古い天体は HE1523-0901 の 132 億年か、HD140283 の 144.6 億年です。

3　銀河系の構造

　2005 年現在、銀河系はハッブル分類で SBbc に分類される棒渦巻銀河で、総質量は約 1 兆 2,600 億太陽重量であり、約 2,000 億から 4,000 億の恒星（光り輝く星）が含まれていると考えらます。

　銀河系が渦巻銀河ではなく棒渦巻銀河であると考えられるようになったのは、1980 年代になってからです。

　2005 年にスピッツァー宇宙望遠鏡によって行われた観測でもこのモデルは裏付けられており、さらに銀河系の棒構造はそれまで考えられていたよりも大きいことが明らかになりました。

　銀河を作っているものは、球状星団と星、星間ガスです。棒状星団は一つの銀河では全部で 200 個ほどあって、星の集まりです。星間ガスは、単にガスといってもいいもので、つまり銀河は、星とガスからできています。

　銀河には、星とガスが織りなすハロー、ディスク、バルジ、中心核という四つの基本構造があります。

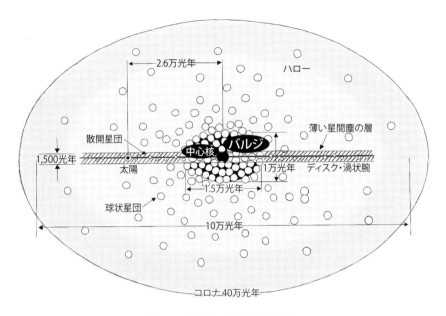

図6　銀河の構造（断面）

　銀河は空飛ぶ円盤に似ていて、真ん中の丸い部分がバルジ、ひさしにあたるところがディスクと呼ばれ、バルジの中に中心核があり、銀河全体をハローが覆っています。

　ハローは、銀河全体を包む薄い球状の部分で、ハローの大きさは銀河の大きさにあたる直径10万光年ほどあります。ハローには球状星団がまばらにあり、球状星団は、銀河の中心から1万光年あたりにたくさんあり、外ほど少なくなっています。球状星団は銀河全体の動きと違って、ディスクと横切るような不規則な楕円運動をしています。

　ディスクには多数の星やガスがあり、その円盤を構成している星もガスも、同じ方向に回転しています。ディスクは活動的で、重い元素を含む年齢の若い星（種族Ｉ）が生まれるところ

です。さらにディスクは、渦巻状や長い棒状、土星の輪のような形をしたものなど、いくつかの構造をもつものがあります。

バルジは銀河の中央で、たくさん星が集まっているところです。バルジの中には、星が数百憶個もあり、赤っぽい年老いた星（種族Ⅱ）からできています。

バルジはディスクと同じ方向に秒速100キロメートルというものすごいスピードで回転しています。

銀河のバルジの中心には物質がたくさんあり、大きな重力をもっています。そこには銀河の中心核として巨大なブラックホールがあると考えられていて、中心核は銀河で一番活動的な部分です。

銀河の主だった構成物や構造の外側に、コロナと呼ばれる星間ガスが、球状に広がる部分があります。その大きさは私たちの銀河では40万光年に達します。

コロナは、大マゼラン星雲や小マゼラン星雲をも包み込むほど巨大で、銀河の重量によって、ガスが引き止められています。銀河は星とガスの集まりですがその仕組みや構造はなかなか複雑多様です。

3-1　渦状腕

銀河系の各渦状腕は（他のすべての渦巻銀河と同様に）対数螺旋を描いており、そのピッチは約12度です。銀河系には銀河中心から伸びた4本の渦状腕が存在すると考えられていて、それぞれに次のような名称がつけられています。

①3KPC腕及びベルセウス腕

②じょうぎ腕及びはくちょう腕

③みなみじゅうじ腕及びたて腕

④りゅうこつ腕及びいて腕

⑤オリオン腕（太陽系を含む）

4 銀河の種類

　銀河は形によって分類されていて、大きく楕円銀河、渦巻銀河（私たちの銀河系）、レンズ銀河、不規則銀河の四つに分けられます。それぞれの銀河は、タイプごとに色も違っており、不規則銀河から渦巻銀河、楕円銀河の順に青から赤身を帯びています。

　楕円銀河は球状から極端な楕円まであり、形により八つに細分化されます。楕円銀河はディスクがなく、明るさが中心から外に向かって減っていきます。

　楕円銀河内の星は不規則な回転運動をしています。そのため楕円銀河全体としては、回転は非常に小さくなっています。

　楕円銀河には年老いた赤っぽい種類Ⅱの星が多く、星間ガスもほとんど残っていません。楕円銀河は、もはや活発な変化が起きそうにない年老いた銀河といえそうです。

　渦巻銀河はバルジとディスク、全体を取りまく大きなハローという、すべてのパーツをもった銀河です。ディスクの部分は星間ガスが豊富で（質量で 10％ほど）、重い元素を含む種類Ⅰの星からできています。ガスや塵の多い部分が腕状の渦巻模様

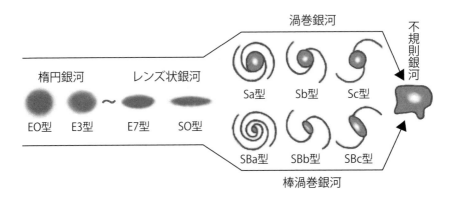

図7 ハッブルによる銀河の分類

を作っており、この腕の部分では新しい星が生まれています。

　渦巻銀河は丸い形をしたものと、バルジが串刺しにする棒状の構造をもつものに区分されます。さらに両タイプは、渦巻の開き具合によって、強く巻き付くもの、中くらいのもの、ゆるく開いているものの三つに分けられます。

　渦巻銀河は星間ガスを多く含んでいて、新しい星が生まれている活動的な若い銀河です。

　レンズ状銀河は、バルジとディスクの区別がありますが、ディスクの渦巻状の腕をもちません。

　レンズ状銀河は、ディスクに棒状の構造をもつものと、もたないものの二つに分類されます。比較的安定した回転運動をしていますが、星間ガスほどではありません。レンズ状銀河は、楕円銀河と渦巻銀河の中間的なものです。

　不規則銀河は、前期の三つの銀河のどれにも属さないもので、その中にはさまざまな起源や変わったものが含まれていると考えられています。

不規則銀河は、渦巻銀河や楕円銀河に比べて質量が小さく、ガスを多く含みます。星が活発に形成されている銀河がたくさんあり、もしかすると、できたての銀河がこのタイプに含まれていて、将来はどちらかのタイプに発展していくのかもしれません。

　一つの銀河、たとえば私たちの銀河を詳しく見れば、その銀河の特徴が見えてきます。ある銀河がもつ特徴と、もっていない特徴の両方によって一つの銀河が求められ、その銀河を分類できます。

　このような銀河の一つひとつの特徴を注目すると、それぞれの銀河の個性が見えてきます。

5　銀河系の太陽の位置

　18世紀の中ごろ、イギリスのトーマス・ライトは、天の川の形から、中心が同じ大小二つの球の、小さな球の外側と大きな球の内側に挟まれた部分に星が分布しているのが私たちの銀河（天の川）だと考えました。私たちの太陽系もその中にあるので、ある方向にだけ星が多く見え、それが天の川に見えると考えました。

　18世紀後半、イギリスのハーシェルは、天の川の形だけでなく星々の距離まで考えて銀河の形を決めました。彼は暗い星ほど遠くにあるとして、星までの距離を計算しました。その結果、私たちの銀河は太陽が中心にあるひらべったい星の集団だ

かつて考えられた形

トーマス・ライトの銀河

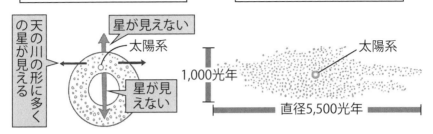

天の川の形に多くの星が見える

星が見えない

太陽系

星が見えない

ハーシェルの銀河の形

1,000光年

太陽系

直径5,500光年

実際の銀河の形

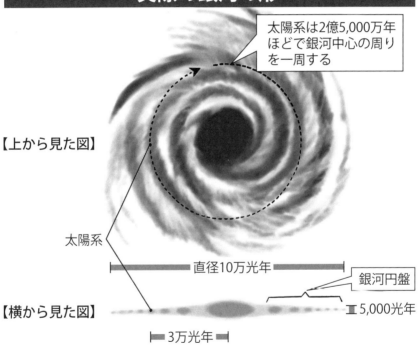

太陽系は2億5,000万年ほどで銀河中心の周りを一周する

【上から見た図】

太陽系

直径10万光年

銀河円盤

【横から見た図】

5,000光年

3万光年

図8　我々の銀河の形

と考えました。

　しかし当時は、宇宙空間に星間物質と呼ばれる塵があって、遠くの星からの光が吸収されて見えなくなることが知られていなかったため、ハーシェルの考えた銀河は直径 5,500 光年、厚さ 1,000 光年の小さなもので、私たちの銀河が宇宙そのものだと考えました。

　現在では、銀河はハーシェルの考えよりもはるかに大きなことがわかっていて、私たちの銀河は約 2,000 億個の星が直径約 10 万光年、厚さ約 5,000 光年の銀河円盤と呼ばれる円盤状に分布しています。また銀河の中には星がぎっしりつまっているような印象を受けますが、実はそうではありません。

　太陽の大きさをりんご程度とすると、隣の星までの平均的な距離は 2,000 キロ以上になってしまいます。一つの銀河の中とはいえ、空間はスカスカで、太陽系は銀河円盤の中で銀河中心から約 3 万光年のところにあって、2 億 5,000 万年ほどで銀河中心の周りを回っているのです。

6　銀河と銀河の距離

　不規則銀河は銀河同士が接近することで、その形が歪んだものです。不規則銀河は銀河全体の 1 割から 2 割ほどあり、それほど珍しいものではありません。

　また不規則銀河でなくても、銀河同士が接近している例外はたくさん見つかっていて、たとえば子持ち銀河 M 51 は、小さ

な銀河が大きな銀河に接近して、大きな銀河につかまったものです。

　つまり銀河同士が接近することは珍しくないのです。銀河は広大な宇宙に散らばっているはずなのに、本当にそこまで接近するものなのでしょうか。

　私たちの銀河とアンドロメダ銀河の間隔が約 250 万光年であるように、銀河と銀河の平均的間隔は 200 万から 300 万光年くらいです。

　銀河の大きさは大小さまざまですが、だいたい 10 万光年で、銀河同士の平均間隔は、銀河の大きさの 20 倍から 30 倍になります。

　これを私たちの銀河の中の星と星の平均距離と比べてみましょう。以前に星の大きさをりんごくらいだとすると、星と星の距離は 2,000 キロ以上になるといいましたが、同じようなたとえを使ってみると、銀河の大きさをりんごくらいだとすると、隣の銀河までの距離は、たった 1 メートルから 1.5 メートル程度となります。

　星の平均距離と比較すると、はるかに銀河同士のほうが込み入っています。銀河の中の星と星の衝突は約 10 億年に 1 回起こるくらいなのですが、銀河と銀河ではお互いの形が歪むほど近づくことが、頻繁に起こっています。

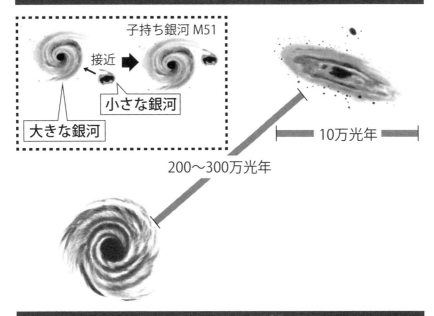

銀河間の距離

子持ち銀河 M51

接近

小さな銀河

大きな銀河

200〜300万光年

10万光年

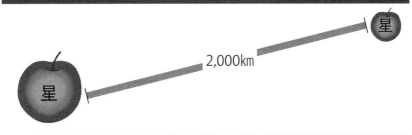

星と星の間の距離は？

星

2,000km

星

銀河と銀河の距離は？

銀河

1〜1.5m

銀河

図9　大接近もよくあること

7 宇宙空間での銀河系の速度

　一般的な意味では、アインシュタインの特殊相対性理論によれば宇宙空間における物体の絶対速度という考え方には意味がないとしています。

　特殊相対性理論では、宇宙には銀河系の基準となる特別な慣性系は存在しないとしています（物体の運動は常に他の物体に対する運動として特定しなければならない）。

　このことを念頭において、近傍の銀河の観測位置に対して銀河系は約600キロメートル／秒の速度で宇宙空間を運動していると考えられています。

　21世紀初頭の推定ではこの値は130から1,000までばらつきがあると考えられていました。仮に銀河系が600キロ／秒で運動しているとすると、私たちは1日に5,184万キロ移動しており、1年間では189億キロ動くことになります。これは私たちが毎年地球から冥王星までの距離の4.5倍移動していることになります。

8 銀河系の未来

　100兆年後の銀河系の未来は、輝きを失った星でできていると考えられます。太陽程度の重さの星は、炭素や酸素を作った段階で核融合反応が止まり白色矮星となり、太陽よりももっと重い星の最後は、大爆発で終わり超新星となります。大爆発の

未来の星

小～中くらいの星 → 約100兆年で
エネルギーを放出 → 白色矮星

大きな星 → 大爆発

ヘリウムの電子が陽子にめり込む

内部がすべて中性子になる

半径10km程度の**中性子星**になる

さらに大きな星 → 大爆発 → 中性子星

中性子が反発し合う以上の内向きの力で高密度になる

無限に内向きに収縮し、**ブラックホール**になる

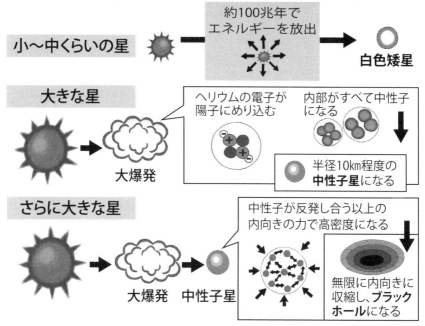

未来の宇宙には白色矮星、中性子星、ブラックホールが点在する

未来の銀河

軽い星が重い星に引きつけられる

速く動く軽い星が大きな**運動のエネルギーを持ち出す**

運動エネルギーの小さな星だけが残る

星同士は互いに重力で支え合い、**速い運動のエネルギーで銀河の形を支えている**

星が銀河の形を支えきれず小さくなる

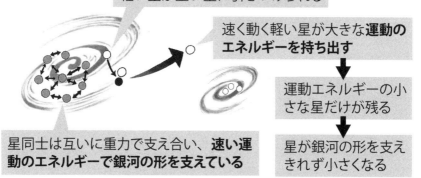

図10 だんだん小さくなる銀河

後には中性子からできた中性子星やブラックホールが残ります。中性子星は重さが太陽くらいあるのに、その半径がたった10キロほどの非常に小さな星です。

　ブラックホールは、星が無限に収縮した後にできるもので、未来の銀河系は、現在の星々に代わって白色矮星、中性子星、ブラックホールからできています。

　現在でも未来でも、銀河の中では、星同士がたまたま近づいてすれ違うことがあります。

　このときに、軽い星が重い星の重力に引かれて速度を上げ、重い星をかすめるように通り過ぎ、大きな速度で銀河の外へ飛び出してしまうことがあります。

　すると銀河から星の運動エネルギーがもち出されるので、その分だけ残された星の集団エネルギーが減ることになります。

　銀河がその形を保っていられるのは、銀河全体の重さを星々の運動で支えることができるからです。もし星々が運動していなければ、星同士の重力によって銀河はつぶれてしまうでしょう。

　星同士がすれ違って、速度の大きな星が銀河から出ていくと、比較的速度の遅い、エネルギーの低い星が多く残ることになり、星同士の重力の効果のほうが強くなり、銀河の大きさはだんだん小さくなっていきます。

第3章 太陽系の誕生と未来

1 太陽系の概要と誕生（宇宙誕生から90億年後）

　太陽系とは、太陽および太陽の周囲を公転する（惑星）と微粒子、さらに太陽活動が環境を決定する主要因となる空間をいいます。

　太陽の周囲を公転する天体には、現在確認されているだけでも8個の惑星、5個の準惑星、多数の太陽系小天体があり、太陽系のうち地球型惑星である火星が位置するまでの領域を内太陽系、それより外側の領域を外太陽系と呼ぶ場合があります。

　太陽はおよそ46億年前には誕生しましたが、私たちは太陽そのものの誕生について詳しく知ることはできませんが、私たちの住む銀河系には約2,000億個もの星々がありますので、そのような星を詳しく調べることで、太陽の生い立ちについて知ることができます。

　一般的に星は、宇宙空間を漂う星間ガスがたくさん集まって誕生します。最初は星間ガスが自らの重力で集まって密度が高くなった分子雲になります。

　典型的な星間ガスの密度は1立方センチあたり1個しか水素分子を含んでいませんが、密度が高くなった分子雲になると1立方センチあたり10万個から100万個もの水素原子を含むまで成長します。

　分子の中にできた密度の「むら」の濃いところを中心に、分子雲はさらに自分の重力を収縮し、原始星と呼ばれる段階になります。

　原始星にはガスや塵でできた円盤があり、そこから物質が中

心星に供給されることでさらに成長を続けます。円盤から供給される物質の一部は物質から放出する現象（分子流）により流れ出てしまいますが、このおかげでより多くの物質が円盤から供給されるようになります。

そしてさらに収縮が進み、星の中心部が水素に核融合反応するために必要な密度と 1,000 万度以上もの温度になると、太陽のように明るく輝きはじめます。この状態からしばらくして、太陽は現在の姿になったのだと考えられています。

太陽は、いつでも同じ状態ではありません。表面ではいろいろな現象が起きています。

太陽で直接見えるところは、表面の光球とその外側だけですが、表面で起こる現象はさまざまなものがあります。その多くは a 輝線で目立つ模様として見えますが、特に激しい活動は、電波やX線で見ることができます。

活動の盛んなときと、穏やかなときがありますが、穏やかな時期でも突然大規模な活動が起こることがあります。

1-1　オーロラ

オーロラは、太陽風の粒子が地球大気と衝突すると、大気中の酸素や窒素にエネルギーを与えて、このエネルギーが光となって輝く、これがオーロラです。

太陽風の粒子は地球の磁力線によって、北極や南極の上空に導かれて、そこから大気に突入し酸素や窒素に衝突します。このためオーロラは極地域で見られますが、北極では冬には低気圧が発生しやすく、視界が悪くなりやすいので美しいオーロラ

に出会えることは少ないのだそうです。

　太陽風とは、太陽から飛び出す素粒子のことで、太陽の活動が盛んになると、飛んでくる物質の量も急に増えてきます。

　太陽風は太陽系の果てまでも届きます。太陽から地球までの距離1億5,000万キロをわずか数日で飛んできます。

　太陽風として飛んでくる原子や素粒子は非常に高速なので、生き物は直接大量に浴びると死んでしまいます。けれども地球の近くでは、磁気圏が太陽風のエネルギーを弱めています。

　さらに地球には大気があるので、そこにあたるともっと多くのエネルギーを失います。こうして弱められた粒子は当たっても生き物に害はなく磁気圏と大気によって守られているのです。

1-2　プロミネンスとダークフィラメント

　太陽の磁力線はアーチ状のものが連なっています。その上に乗っている低温の電離水素ガスが、プロミネンスとダークフィラメントです。

　プロミネンスは太陽の縁で宇宙空間を背景にした部分で炎のように光って見えます。ダークフィラメントは、太陽表面上に見える部分で、周囲より暗く見えます。

1-3　黒　点

　太陽の表面には、磁石のようになっている場所が何ヶ所もあり、そこから磁力線が出ています。太陽の内部では高温の電離ガスが渦巻き、その影響で磁力線がねじれて複雑な形になり、

これが太陽表面に飛び出し、黒いしみのように見えるようになったのが黒点です。温度が周りより 1,600 度ほど低くなっているためです。

黒く見えますが実際は光っていて、磁力線の影響で温度が低く、太陽内部からエネルギーが出にくくなっていると考えられます。また磁力線の影響で、近くでいろいろな活動が引き起こされるため、活動が起きやすいためでもあります。一つの黒点は 4、5 日から数ヶ月で消えます。黒点は 11 年周期で数が増えたり減ったりしますが、太陽の活動周期と同じです。

2 太陽のエネルギーの源

惑星（地球他）のように太陽の光で照らされているのではなく、太陽のように自ら輝いている星を恒星と呼んでいます。太陽は最も典型的な恒星で、恒星を知るには太陽を調べればわかります。

太陽の最大の特徴は、自ら輝いていることですが、一体何を燃やしているのでしょうか。太陽のエネルギー源が何かという問題は、20 世紀になって、やっと解決されました。太陽の放出するエネルギーがあまりにも莫大であったためです。

そのエネルギーは 1 秒間に灯油 1 億トンを 1 億倍燃やしたときに出るエネルギーに相当します。太陽のエネルギー源は、太陽の中心部で起こっている核融合反応です。

太陽の中心部では水素原子 4 個が融合してヘリウム 1 個が作

太陽は直径140万km、重さ$2×10^{33}$gで50億年前から輝き続けている

太陽のエネルギー

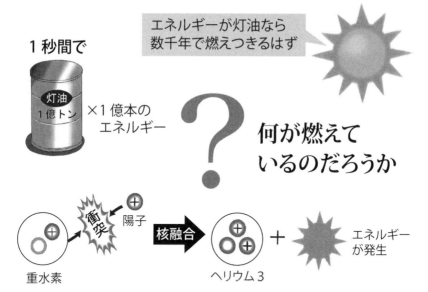

太陽は原子力で効率よくエネルギーを生み出して燃え続けている

図11 太陽エネルギーの出どころは

られる核融合反応が起こっています。ヘリウム原子1個の質量は、水素原子4個分の質量より0.7％ほど軽く、この失われた質量がエネルギーに変換され、太陽の輝きの元になっています。

水素の核融合反応はきわめて安定しており、中心部の水素がすべてヘリウムになるまで続きます。一般に恒星はその一生の大部分を、この安定した状態で過ごします。

太陽はきわめて活発に活動していて、その活動には11年の周期があります。

恒星の寿命は、その星の質量によって決まりますが、軽い星は寿命が長く、重い星は寿命が短くなります。

太陽ほどの質量の場合、寿命は100億年で、太陽は今から46億年前に誕生しましたから、今はちょうど壮年期です。太陽が寿命を迎え、赤色巨星になるにはあと50億年ほどあります。

3 太陽系の構成

太陽のような恒星の周りを規則正しく巡る星を惑星といいますが、私たちの太陽系の惑星や衛星を密度で見ていくと、いくつかのグループに分かれます。密度の違いは惑星の素材の違いを示しています。

太陽系の天体（惑星）は、素材として鉄、岩石、水（固体のH_2O）、固体の水素、水素ガスのどれかです。

惑星の素材の中でも、氷が重要な働きを果たしています。H_2Oは温度が高いときは気体の水蒸気になり、低いと氷、そ

の間の温度だと液体の水になります。

　太陽系の温度は、太陽からの距離によって決まります。つまり H_2O は、太陽に近いと気体、太陽からほどほどの距離だと液体、太陽から遠いと固体として存在することになります。

　H_2O は、太陽系の材料としてもともとたくさんありました。材料として氷をたくさん集めることができた位置の惑星は大きくなり、太陽系の材料の主な成分である水素ガスをたくさん集めることができました。

　天体がある大きさ以上になると、惑星の内部の水素は液体から固体へと変わり、星の密度がガスのときよりも大きくなります。このようなガス惑星は木星型惑星と呼ばれ、太陽に近いものから、木星、土星、天王星、海王星となっています。

　太陽に近い惑星では、H_2O ができないので、固体である鉄と岩石の惑星ができます。このような惑星は地球型惑星と呼ばれ、太陽から近い順に、水星、金星、地球、火星と並んでいます。

　火星と木星の間には、小さな惑星が多数ある小惑星帯があります。太陽系には、惑星以外にも多くの仲間がいて、多くの惑星には衛星があります。地球型惑星の衛星は岩石からできていますが、大きなガス惑星の周りにある衛星は、残った氷を主な材料として、その中に岩石を伴っています。

　衛星は地球に 1 個（月）、火星に 2 個、木星には 63 個、土星に 33 個、天王星に 27 個、海土星には 13 個、冥王星には 3 個あり、一般に惑星は衛星をもつものであると考えられます。

　木星型惑星は輪（リング）があり、輪は木星に 3 本、土星に 8 本、天王星には 11 本、海王星には 5 本見つかっています。

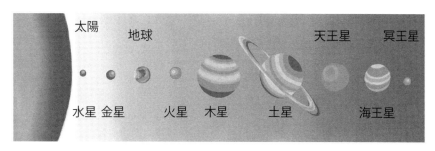

図 12 太陽を回る惑星データ

木星型惑星は、数はいろいろですが、輪をもつものが一般的と考えられます。

その他に太陽系には、彗星があり、彗星が太陽に近づくと尾をもち、その形からほうき星と呼ばれます。惑星や衛星の間の空間には彗星や惑星自身が巻き散らかしていった物質、分子、イオン（太陽風）などがあります。

なお冥王星が惑星でなくなったのは、2008 年 8 月に惑星の定義が「太陽の周りを回り、十分大きな質量をもち、ほとんど球状の形で、その軌道の近くでは、それだけが際立って目立つ天体」とされたからです。

4　太陽系の範囲

太陽系の果てはどこなのでしょうか。宇宙の大きさを感じるために、まず太陽系の大きさを考えてみます。

ガリレオが知っていた一番遠い惑星は土星で、太陽からの距離は太陽と地球の距離の約 9.5 倍です。ちなみに地球と太陽

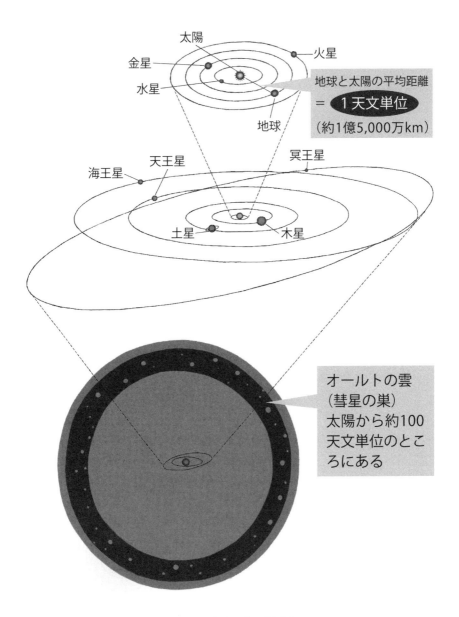

太陽
金星
水星
火星
地球と太陽の平均距離
= 1天文単位
（約1億5,000万km）
地球

海王星
天王星
冥王星
土星
木星

オールトの雲
（彗星の巣）
太陽から約100
天文単位のとこ
ろにある

図13 太陽系の範囲

の平均距離は約 1 億 5,000 万キロで、これを一天文単位といいます。

1781 年に 20 天文単位のところに天王星、次いで 30 天文単位のところに海王星が発見され、太陽系はそれまで考えられていた以上に広がっていることがわかりました。さらに 1930 年には 40 天文単位のところに冥王星が発見され、太陽系はさらに広がりました。

実は太陽系は、冥王星よりもさらに遠くまで広がっています。なぜなら太陽系の周りを取り囲む彗星の中には、その軌道が、冥王星の軌道をはるかに超えるものがあります。彗星はもともと太陽系を作ったガスからできていると考えられ、太陽から 100 天文単位のところで太陽を大きく取り囲んでいる、そこが彗星の巣と呼ばれるところです。

観測される彗星のいくつかは、何千年という長い周期をもっており、それらは彗星の巣の中から太陽の引力に引っぱられて太陽の近くに引き寄せられてきたと考えられます。また周期の短いものは木星の重力に引き寄せられ、短い周期に変わったと考えられます。

5　暗い太陽のパラドックス

太陽が明るく輝いているのは、星（恒星）の中で核融合しているからで、星の核融合は、時間とともに変化していることがわかってきました。太陽は、明るさ（光度）が時間とともに増

えてきたと考えられます。

　このような太陽の明るさの変化が、地球の環境に大きな影響を与えることを最初に指摘したのは、天文学者のカール・セーガンとミューレンでした。もし理論通り変化が起こっていたのなら、時代をさかのぼるほど太陽は暗かったことになります。地球は20億年前より昔は、すべてが凍ってしまうほど寒かったという結果が示されました。

　ところが、地球には38億年前から現代まで、継続的に海があったことが堆積岩からわかっています。なぜこのような不思議なことが起こったのでしょうか。

　どちらも正しいように見えるものから矛盾するような結果が出てくることを「パラドックス」といいます。太陽は昔は暗く、海が凍るほど寒かったはずなのに、なぜか地球は水が存在できる0度から100度の間に保たれていたことになります。これはパラドックスで、セーガンはこれを「暗い太陽のパラドックス」と呼びました。このパラドックスの解決策として、地球の大気成分が、次代とともに変化したと考えられています。

　大気成分の中でも、温室効果の大きな二酸化炭素の量（正確には濃度）が時間とともに減ってきたと考えれば「暗い太陽のパラドックス」は解決できます。太陽の明るさが増すにしたがって、大気中の二酸化炭素が減って、温室効果の程度が減少すれば、「暗い太陽のパラドックス」はパラドックスではなくなります。

　もしこの二酸化炭素の時間変化が本当なら、私たちの未来に大きな問題を投げかけます。

現在は、二酸化炭素は非常に少ない大気成分となっています。つまり温室効果が非常に少ない状態です。20億年前以前には暗い太陽でしたが、二酸化炭素の温室効果で地表を温めることで補っていました。20億年前以降から現在までは、大気中の二酸化炭素を減らすことによって、太陽の明るさによる暑さをしのいでいるわけです。

太陽の明るさの変化は、億年というタイムスケールの出来事ですが、もしこの変化が本当に起こっているなら、数億年後、地球の表面温度は今より高いものになります。すると海が蒸発し、大気中に水蒸気が増えてきます。水蒸気も温室効果をもたらすガスですから地球はますます暑くなります。やがて地球は金星のように灼熱の星になるかもしれません。

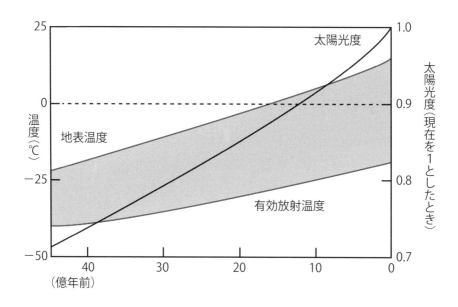

図14 太陽光度の上昇と地表の温度変化

すでに二酸化炭素が非常に少なくなっている現在の大気は、もはや冷ますことができないので、今問題となっている温暖化によりゆっくりとした変化ですが、太陽の変化ですので人類の知恵では対処できない問題となります。

6　太陽系の未来

太陽はすでに約46億年ほど燃え続けています。太陽はその中心部分で水素と水素の核融合を起こして、ヘリウムに変えることでエネルギーを放出しています。今後、約50億年くらいは現在とほぼ同じ状態が続きます。

50億年後には、燃料の水素がなくなり、次に燃えカスのヘリウム同士が融合して、炭素や酸素に変わってエネルギーを放出します。このとき太陽の外側は地球の軌道を飲み込むほどに膨れていき、太陽表面の温度は下がって色が赤くなります。この段階の星を赤色巨星と呼び、現在の太陽は黄色です。

地球は太陽に飲み込まれてしまいますが、火星の温度はちょうど現在の地球と同じくらいになり、火星が住みやすくなります。しかし、この段階は10億年程度しか続きません。

次に炭素と酸素が融合する番ですが、太陽の場合それは起こりません。なぜならもともと太陽程度の質量では重力が弱い上に、この段階では構成成分の水素が、外側にあった部分も逃げていて、さらに質量が減っていきます。そのため中心部の温度が上がらずエネルギーを放出することができなくなってしま

現在の宇宙

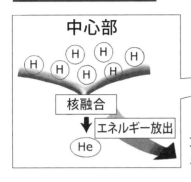

中心部

核融合

エネルギー放出

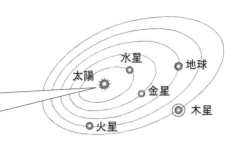

太陽は中心部の核融合反応で大きなエネルギーを放出しながら燃えている

50億年後

中心部

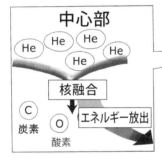

核融合

エネルギー放出

炭素 C

O 酸素

> 太陽が膨張して水星、金星、地球は飲み込まれる

水素よりもエネルギーの大きなヘリウムの核融合で、**赤色巨星**になる

60億年後

エネルギーを放出して、太陽が冷え始める

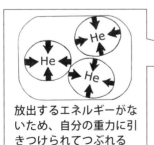

放出するエネルギーがないため、自分の重力に引きつけられてつぶれる

> 自分の重さでつぶれて小さくなる

エネルギーを放出できずに小さくなって冷えた**白色矮星**になる

図15 未来の太陽系

い、太陽はゆっくりと冷えていきます。

　すると太陽は自分の重さに耐えきれずつぶれていきます。このように小さく冷えた星を白色矮星といいます。

　60億年後の未来、白色矮星となって輝きを失った太陽の周りを火星、木星、土星などの惑星が回っていることになります（地球より内側の惑星は、すでに赤色巨星のときに太陽に飲み込まれて蒸発してしまっています）。

第4章

地球と人の誕生と未来

1 地球の誕生（宇宙誕生から90億年後）

　私たちの住む星、地球ができたのは、今から46億年前のことです。原料となった物質は、微惑星に含まれていた岩石や金属です。微惑星の衝突、合体の繰り返しによって地球は今の形、大きさを作り出しました。小さいものは大きいものに吸収されていき、徐々に一つの惑星へとまとまっていったのです。地球の元である原始地球は、こうして誕生しました。

　原始地球の半径が現在の地球の約2割、1,500キロくらいになると、衝突脱ガスを起こすようになりました。脱ガスにより、中に含まれていた二酸化炭素や窒素などのガス成分は放出されて、原始地球の周りを覆いました。原始大気の誕生で、原始大気は水蒸気を主成分とし、二酸化炭素や窒素、一酸化炭素を含んでいたと考えられます。

　微惑星の衝突エネルギーは熱エネルギーに変換され、地球を加熱していきました。原始地球が大きくなるほど微惑星の衝突速度は大きくなっていき、また形成の最終段階では火星サイズの惑星の衝突も起こったといわれます。

　地球の半径が現代の4割程度になると、この衝突エネルギーと、水蒸気の大気による保温効果によって、地球の温度は上昇しはじめました。そして現在の地球の半径の半分ほどまで成長したとき、地表の高温はとうとう岩石を溶かしはじめました。地球の表面はマグマ・オーシャンと呼ばれる厚いマグマの海と化したのです。

　マグマ・オーシャンができたことにより、重い金属はずぶず

ぶと地球の中心部へ沈んでいき、こうして地球の核（コア）は作られたのです。

　地球がマグマ・オーシャンに覆われている間も、大気の上層200キロくらいのところでは水蒸気が凝結し、雲ができ、雨が降っていました。しかしその雨は高温のため蒸発してしまい、地表まで届くことはありませんでした。

　やがて微惑星の衝突はおさまり、地球全体の温度が低下しはじめると、ようやく雨は地表に届くようになり、地表での最初の雨です。このことは、地球が現在の地球の9割ほどの大きさになったときに起きたと考えられています。

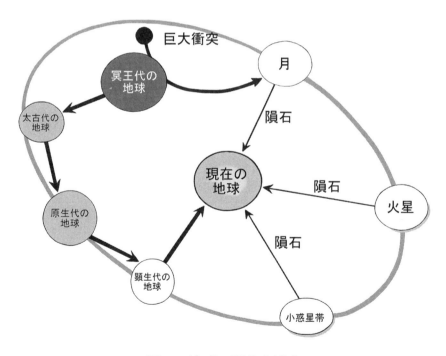

図16 地球の誕生と進化

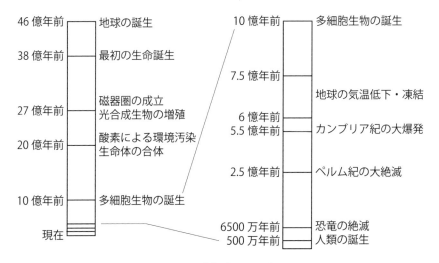

図 17 地球の歴史

　雨は地表を急激に冷やし、地表を固めていきました。そして今まで大気中にたまっていた大量の水蒸気が、一気に雨として地表に降り注ぎました。そうして数百年から 1,000 年足らずで海はできあがってしまったのです。

　現在太陽系の中で液体の水をもつ惑星は地球だけです。まさに奇跡です。

　こうして奇跡の星、地球は 1 億年の時をかけて形成されました。

2 月の誕生

　月は地球の唯一つの衛星ですが、他の惑星（水星、火星）に
比べてかなり変わっています。

　それは惑星である地球との質量比が地球の約 100 分の 1 です
が、これほど惑星の質量に対して大きい質量をもつ衛星は他に
はありません。

　唯一の例外は、準惑星である冥王星とその衛星カロンです
が、これはどちらかといえば、二重天体に近いと考えられてい
ます。

　なぜ地球のような小さな惑星が、月という大きな衛星をもつ
ようになったのかは、大きな謎です。月の誕生には、さまざま
な説があります。

［兄弟説］

　原始惑星系円盤中で、塵が集まって地球とともに月ができた
という説。

［親子説］

　地球の誕生直後、地球の自転は現在よりも高速だったので、
遠心力によって原始地球の一部がちぎれて月が作られたとい
う説。

［他人説］

　地球の近くを通過した小天体が、地球の重力によって捕えら
れて月となったという説。

［巨大衝突（ジャイアント・インパクト）説］

　原始地球に小天体が衝突し、地球や小天体の破片が集まって月が作られたという説。

　このうち現在では巨大衝突説が有力です。

2-1　巨大衝突（ジャイアント・インパクト）説

　巨大衝突説は、誕生して間もない原始地球に火星サイズの小天体が衝突し、そのときに破壊された小天体の残骸と、衝突によってえぐり取られた地球の表層物質が再度集まってかたまり、月が作られたというものです。このことは、現在の月の特徴を比較的うまく説明することができています。

　月は、その化学組成が地球のマントル部分と似ています。平均密度が地球に比べて低い、などの特徴がありますが、他の説では、これらの特徴の多くを説明することができません。

　ジャイアント・インパクト説ではこれらの特徴の多くを説明することができ、月がどのように誕生したのかを説明するものとしては、もっとも有力だと考えられています。

　最近ではコンピューターの発達により、このようなモデルをシミュレーションで再現することができるようになり、実際に月のような衛星が作られることや、地球の自転軸の傾きなどを説明することができるようになっています。

　月が地球を回っていることは、生命の誕生にとって重要な意味があったかもしれないという考え方があります。生命起源の一つの説としてある、塩の満ち引きの大きい干潟のようなところで生命は誕生したというものです。

ジャイアント・インパクトとは

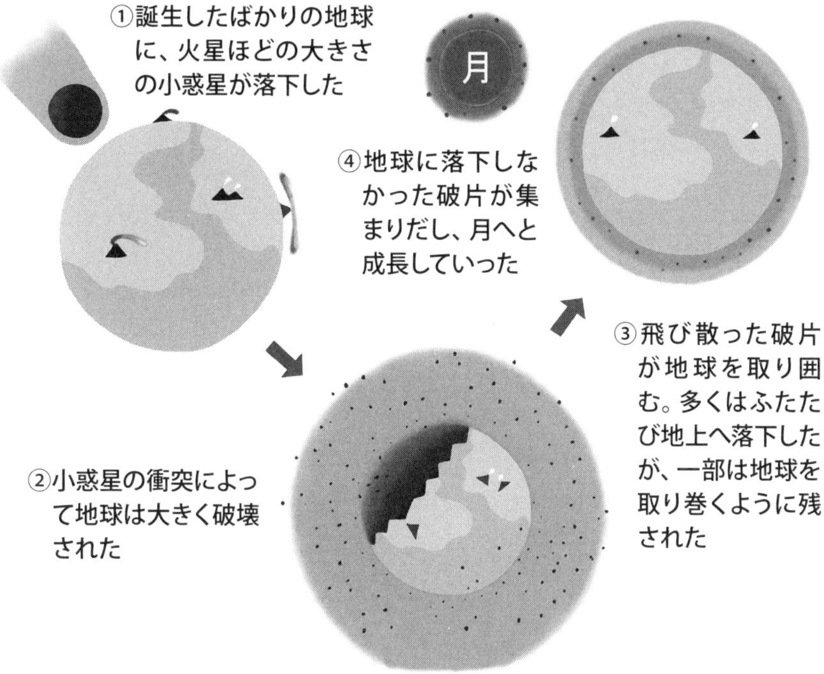

①誕生したばかりの地球に、火星ほどの大きさの小惑星が落下した

月

④地球に落下しなかった破片が集まりだし、月へと成長していった

③飛び散った破片が地球を取り囲む。多くはふたたび地上へ落下したが、一部は地球を取り巻くように残された

②小惑星の衝突によって地球は大きく破壊された

図18 ジャイアント・インパクト

　この説では惑星に生命が誕生するには、月のような大きな衛星が重要な条件となりますが、まだはっきりとした根拠はありません。

3 冥王代（46億年前から39億年前）

　地球の最初の時代で、冥王代の始まりは、46億年前の地球の誕生のときです。冥王代とは、最古の地層が見つかるより前の時代で、連続した地質学的な証拠のない時代です。

　それまで地球は、38億年前の岩石や地層が出ているグリーンランドを証拠とした太古代から始まると定義されてきました。しかし、技術の進歩によって、多くの地域から38億年前よりも古い岩石や物質が発見されるようになっていきました。

　このような冥王代の証拠から地球誕生の物語がわかってきたのです。

　地球ができた当時、マグマの海が表面を覆っていました。マグマはやがて冷えて固まります。マグマの海が冷え固まったものが最初の固体となり、そして最初の大地となりました。しかしそんな古いものが果たして本当に見つかるのでしょうか。

　ヒントは月にありました。月の最古の物質として、45億年前のものが見つかっています。その物質もさんざん探したあげくやっと見つかったものです。斜長石だけからできている岩石で、斜長石は地球では珍しいものですが、月ではよく見かける岩石です。

　月は白っぽい大地と黒っぽい大地の2ヶ所があり、白っぽい大地は「高地」と呼ばれ、斜長石からできています。古い時代の高地は、隕石によって砕かれたものが多かったそうです。月の隕石衝突は、当然隣にあった地球にも起こっていました。

　地球誕生の46億年前には、しばらく激しい隕石の衝突が続

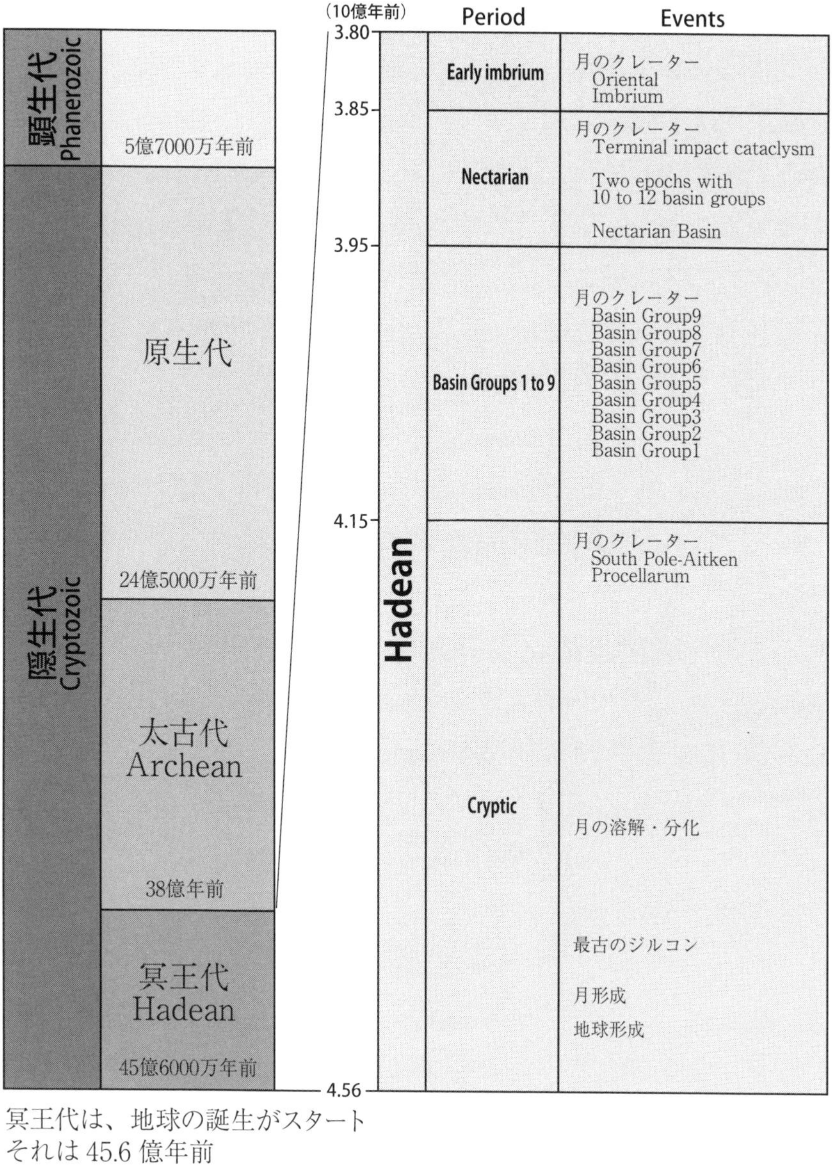

	(10億年前)	Period	Events
	3.80	Early imbrium	月のクレーター Oriental Imbrium
	3.85	Nectarian	月のクレーター Terminal impact cataclysm Two epochs with 10 to 12 basin groups Nectarian Basin
	3.95	Basin Groups 1 to 9	月のクレーター Basin Group9 Basin Group8 Basin Group7 Basin Group6 Basin Group5 Basin Group4 Basin Group3 Basin Group2 Basin Group1
Hadean	4.15		月のクレーター South Pole-Aitken Procellarum
		Cryptic	月の溶解・分化 最古のジルコン 月形成 地球形成
	4.56		

左側の柱状図:

顕生代 Phanerozoic
5億7000万年前

原生代
24億5000万年前

太古代 Archean
38億年前

冥王代 Hadean
45億6000万年前

隠生代 Cryptozoic

冥王代は、地球の誕生がスタート
それは 45.6 億年前

図19 冥王代の始まり

き、35 億年前にはおさまり、45 億年前の古い岩石は砕かれ、風化や浸食、火山活動などで証拠となる岩石は残されていないと思われていました。

ところが 2001 年に最古の物質として、西オーストラリア・ジャックヒルから発見されたジルコンという鉱物は、44 億 400 年前のものでした。

ジルコンが発見されるまで、地球で最古の固体物質は約 40 億年前の岩石でした。

4 太古代（38億年前から25億年前）

4-1 大陸地殻と海洋地殻の形成

太古代は冥王代の終りである 38 億年前から、原生代の始まりの 25 億年前の 13 億年です。冥王代は断片的な証拠しかない時代ですが、太古代以降、連続的な証拠が得られる時代となります。

太古代からは、いろいろなことの始まりを読み取ることができます。そのいくつかは冥王代から始まったかもしれませんが、確実にそして継続的に始まっていく時代が太古代です。

最初の出来事として、ここでは地殻の形成を見ていきます。

地殻は、厚さも、構成岩も、成分も、できた時代も多様です。多様さの中でも一番の違いは、海洋と大陸の地殻の違いです。

海洋地殻は、マントル上部でかんらん岩が部分溶融してでき

た玄武岩が、マグマとして海嶺から地表へと噴出し冷えたもの
です。玄武岩の地殻の上にすぐ海を乗せており、その厚さは5
〜10キロほどと薄いものです。

　一方大陸地殻は、玄武岩の上に花崗岩からなる層が積み重
なっているため海洋地殻の5〜10倍の厚さをもっています。

　花崗岩はマグマが水のあるところで溶けたり固まったりを繰
り返した結果できるものと考えられています。花崗岩ができる
には水が不可欠なため地球以外の太陽系の惑星では発見されて
いません。

　花崗岩のできる要因の一つは、火山から噴出するマグマで
す。マントル下部でできたマグマは、マントル中を上昇してい
きますが、上昇すると同時に硬い岩石から固まっていきます。
そして最後まで固まらずに上ってくるのが花崗岩です。

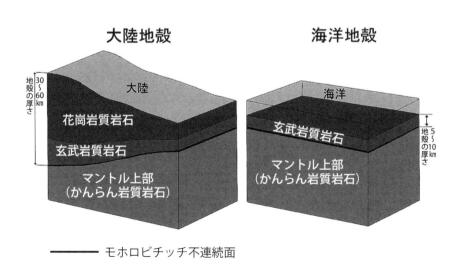

図20 大陸地殻と海洋地殻

大陸地殻には、何度か急成長した時期があったと考えられます。その時期は、約38億年前、約18億年前、約8億年前で、多くの大陸が合体して一つの大陸ができた時代だと考えられています。

　海洋地殻は、どの時代でも、どの海嶺でも、科学的に均質な岩石で形成されています。このような特徴は、プレートテクトニクスが現在まで継続的に働いているためだと考えられています。海嶺に上昇してきたマントルが溶けて、海洋地殻が形成されます。そして海嶺で形成された海洋地殻は移動し、海溝でマントルに沈み込むというサイクルで海洋地殻は更新されていくのです。

　グリーンランドのイスアには、38億年前の海洋地殻の断片が大陸地殻の上にもち上げられて残っています。それ以降、いろいろな時代の海洋地殻の断片が残されていることから、プレートテクトニクスが38億年前から現在まで働いていることがわかります。

4-2　海と大気の形成

　太古代の海と大気を見ていきますが、今ある海から過去の海を探ることはできません。しかし、海が存在していた間接的な証拠は見つかっていて、それは堆積岩です。

　堆積岩の存在は、大陸があり、雨が降り、川ができ、土砂が大陸から川によって海に運ばれるという営みがあった証拠です。堆積岩ができるということは、海と陸と大気があったことを意味します。

最古の堆積岩は、38億年前のグリーンランドのイスアにあ
ります。それ以降、どの時代の堆積岩も見つかっていますか
ら、地球にはいつも海と陸と大気があったのです。

　イスアには、枕状溶岩という岩石があります。枕状溶岩と
は、マグマが水の中に噴出して、枕をたくさん並べたような形
になって固まったもので、枕状溶岩も、海があった証拠となり
ます。

　グリーンランドの枕状溶岩は、オフィオライトと呼ばれる
一連の岩石の一部で、オフィオライトとは、昔の海洋地殻を
構成していた岩石が陸上に上がり、保存されていたものをい

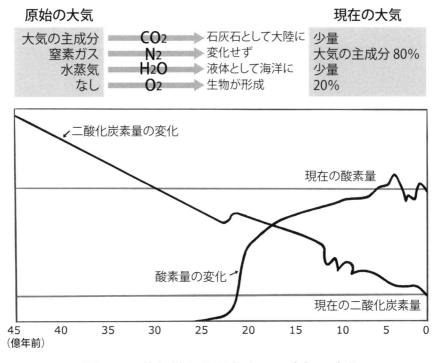

原始の大気			現在の大気
大気の主成分	CO_2	石灰石として大陸に	少量
窒素ガス	N_2	変化せず	大気の主成分80%
水蒸気	H_2O	液体として海洋に	少量
なし	O_2	生物が形成	20%

図21　45億年前から現在までの大気の変化

います。

オフィライトには、枕状溶岩の他にも、岩脈群、斑レイ岩、かんらん岩など、現在の海洋地殻を構成しているものと同じ岩石が含まれています。

グリーンランドのイスアの岩石は、最古のオフィオライト、つまり海洋地殻があったことを示します。

次の太古代の大気ですが、冥王代には二酸化炭素（あるいは一酸化炭素）や水蒸気、窒素の大気がありました。これは金星や火星の大気と似ていて、隕石に含まれている揮発性成分とも一致しています。

ところが現在の地球の大気は違います。窒素は変化しなかったのですが、水素と二酸化炭素がなくなり、酸素が新たに加わらないと、現在の大気になりません。そのような変化が地球で起こったことになります。

水蒸気は、地球が冷めるとともに液性の水になり、海の誕生となります。今も水蒸気は海に液体として蓄えられています。もしこの海をすべて水蒸気にすると、30Mpa（300 気圧）ほどになってしまいます。これは冥王代に起こった大激変と考えられます。

酸素は、20 億年ほど前に急激に生物が作ったと考えられ、現在では、植物が光合成によって酸素を生産しています。

二酸化炭素は、石灰岩として近くに蓄えられていると考えられています。現在岩石には、5 〜 10Mpa（50 〜 100 気圧）もの二酸化炭素が固定されていると考えられます。

古生代以降、生物の殻や骨を作るようになってから、サンゴ

礁のように大量に二酸化炭素が固体にされて、陸上に石灰岩として保存されています。地球に海があり続けたことによって、地殻と海洋、生命、プレートテクトニクスの連係が起こり、現在の環境が生まれ、維持されているのです。

4-3　生命誕生の条件

生命誕生の根拠は今まででもさまざまなことが考えられていました。時代ごとにいろいろな説がありましたが、いくつかの条件を満たしたものでなければなりません。

最初の条件は、生命は単純なものから複雑なものへと進化するということです。これが生命誕生の前提条件で、その証拠が化石として見つかっています。

次に、生命誕生の場所ですが、無条件に地球とするのは早計です。パンスペルミア説では、地球以外の天体で誕生した生命

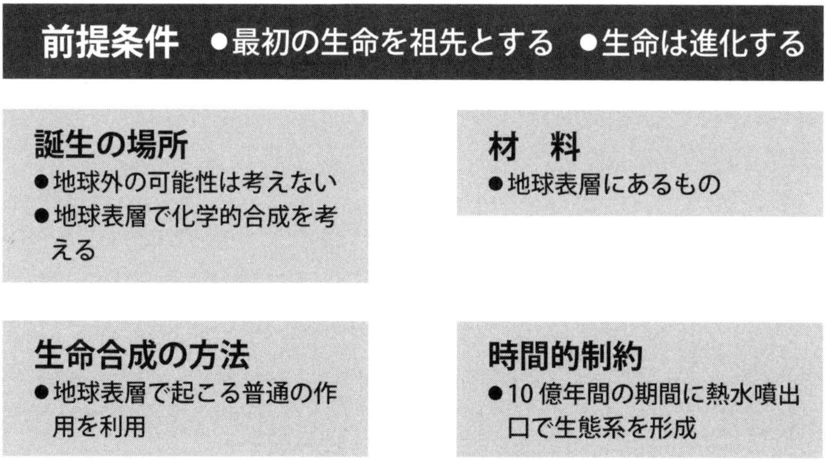

前提条件　●最初の生命を祖先とする　●生命は進化する

誕生の場所
●地球外の可能性は考えない
●地球表層で化学的合成を考える

材　料
●地球表層にあるもの

生命合成の方法
●地球表層で起こる普通の作用を利用

時間的制約
●10億年間の期間に熱水噴出口で生態系を形成

図22 生命誕生の条件

が何らかの条件で地球にもたらされたということですが、そこではどのような生命が誕生したかが問題で、またその環境もまったく不明です。パンスペルミア説を、否定または肯定する根拠もありませんから、生命誕生の場所は原始地球となります。

　生命の材料は、地球の表面、あるいは地球の表面近くのものです。生命の合成は、地球の表層でごく普通にあった作用です。

　そして生命の誕生に関する時間的制約条件があります。それは化石による証拠で、最初の生物を祖先として、それが現在のすべての生物のルーツとなっていると考えます。

　最古の化石は、35億年前のもので、その化石を含む地層は3,000メートルほどの深海の熱水噴出口付近の環境で形成されました。

　最古の化石は、そんな環境下で生活していた生物で、また化石は1種類だけでなく、何種類かいたことを示しています。つまり何らかの生態系ができていたはずです。

　地球誕生が約46億年前ですから、約10億年間で、熱水噴出口で生活する何種類かの生物による生態系が誕生している、という時間的制約条件を、生命誕生は満たさなければなりません。

　これが生命の誕生で満たすべき条件で、生命誕生のストーリーは、これらの条件を満たさなければなりません。

　生命誕生の完全なストーリーは、まだ完成していませんが、条件を満たすシナリオはできつつあります。

4-4　生命の誕生(38億年前)

　現在の最古の化石は、オーストラリアのマーブルバーの北西にある約35億年前の地層から発見されました。

　1978年、ダンロップが、ダッファー層から直径数ミクロン(1,000分の1ミリ)の、球状の化石らしきものを数百個発見しました。彼は化石の形から、シアノバクテリアと考えました。その中には細胞分裂している化石も発見されました。

　1987年には同じ地域のタワー層とアペックス玄武岩層中のチャートから、ショップとパッカーが、球状のコロニーのような化石と繊維状の化石を発見しました。それもシアノバクテリアの化石と考えられました。

　その根拠は細胞の形態で、形態は必要条件ではありますが、

図23 西オーストラリア・マーブルバーのチャート

確実な証拠とはいえません。単細胞生物の形態は単純なので、生物の作用でなくても無機的にできるかもしれないからです。

しかし細胞分裂している状態は非常に需要です。なぜなら複雑だからです。

ショップらは、形以外に科学的に安定した炭化水素を証拠として示し、これはバイオマーカと呼ばれるものです。現在バイオマーカが最初の化石と認められていますが、どんな生物であったかに関しては議論があります。

バイオマーカがシアノバクテリアであるという根拠は、形の大きさや、ストロマトライト状構造などです。ストロマトライト状構造とは同心円状の縞模様で、シアノバクテリアがよく作る構造です。化石がシアノバクテリアならいくつか重要なことがわかります。シアノバクテリアは光合成をする生物です。

35億年前に光合成をする生物がいたということは、生命の誕生はさらにさかのぼることになります。光合成という作用は、複雑な営みによって行われますので、最初の生命がそのような複雑な機能をもったとは考えられません。もっと単純な機能のものから進化してきたはずです。そのためには時間が必要です。

生命の誕生は35億年前よりもっと前になるはずです。

その後、日本人研究者たちが周辺の地層を詳しく調査し、別の説を出しました。調査で復元されたのは、海嶺の熱水噴出口周辺の環境で、海嶺は数千メートルの深さの海底にあり、太陽の光は届きません。ストロマトライト状構造も、層状のチャートの地層とされていました。このようなことから、ショップら

のシアノバクテリアは最初の生命とはいいがたいのです。

　日本の研究者たちは、化石を深海の熱水噴出口に好んで住む高熱性嫌気性古細菌の仲間だと考えました。そこは生命誕生の場としてふさわしいところでもあります。

　地球誕生のころの地表は紫外線が強く、陸地も海岸も変化の激しい場所です。当時一番安定して安心なところは、深海でした。海嶺の熱水噴出口にはエネルギーがあり、栄養もたくさんあります。初期の生物が発生し、ゆっくりと進化していくには最適なところです。

　以上のようなことから、生命の誕生は38億年前ごろと考えられます。

5　原生代(25億年前から5億4,200万年前)

5-1　地球のマントルの変化

　マントルは、地球の内部でコアを包むようにしてある、岩石からなる地層です。厚さは約2,900キロメートルで、地球の体積の約70%を占めていて、主にかんらん岩で構成されています。

　その最上部である地殻との境は2,000〜1万気圧で、最深部であるコアとの境界は135気圧でおよそ4,000度という高温・高圧な状態にあります。

　しかしマントルは基本的に固体の岩石でできており、その中でところどころ、岩石が溶けてマグマとなっているところもあ

ります。そしてしばしば、そのマグマが火山や地殻の裂け目から地表にあふれ出します。

　マグマはマントルの上部にあるかんらん岩が溶けてできたものですが、マントルの中ではどこでもできるというものではありません。マグマは、日本列島を含む環太平洋火山帯など、世界の主な火山帯の地下や、海底の巨大山脈である海嶺、ハワイ島などのホットスポット（マントルから上昇してきたマグマがプレートの弱い部分を突き破って地表に吹き出し火山となったところ）で作られています。

　日本列島の太平洋側では、日本列島を乗せたユーラシアプレートの下に太平洋プレートが沈み込んでいますが、このような場所では、沈み込むプレートから水が供給されるため、より一層マグマが形成されます。

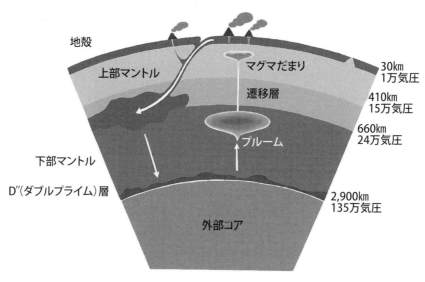

図24 マントルの層構造

マントルは、1年に数センチというごくゆっくりしたスピードで対流しています。対流速度はきわめてゆっくりのように見えますが、1億年で数千キロというその移動速度は、最深部のマントルが1億年で地表近くまで上ってくることを意味しますので、地球の年齢（45億年）を考えれば、マントルは地球全体にわたって十分な対流を繰り返して来たことがわかります。

　マントルが対流する原因は、マントル最深部がコアに熱せられて高温化することです。これは鍋で水を熱すると、温められた水が上昇し、対流するのと同じ原理です。

　マントルの対流を促進するものとして、三つの巨大な場所（スーパーフレーム）があります。南太平洋の地下とアフリカ大陸の地下にはホットプルームと呼ばれる、高温のマントルが大規模に上昇しているところがあります。

　一方、日本を含む東アジアの地下ではコールドプルームと呼ばれる、低温のマグマが大量に下降しています。ホットプルー

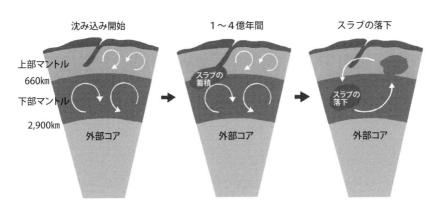

図25　コールドプルームの下で起こっていること

ムで上昇したマントルがコールドプルームへ下降していくことによって対流はよりスムーズなものになっているのです。

すなわちこれらの巨大プルームは、アジアへ集中していくのです。巨大な沈み込みであるコールドプルームは、地球上のすべての大陸を東アジアへ引き付けるため、およそ2億年後には東アジアを中心とした超大陸ができるものと思われます。

5-2　二酸化炭素の流れとサンゴ礁

原始の地球の大気は「二酸化炭素」が主成分でしたが、今の大気では非常に少ない成分となっています。そんな二酸化炭素を追ってみます。

二酸化炭素は、ある程度海水に溶け、海水に溶けると、炭酸イオンとなります。炭酸イオンは、マイナス二価のイオンですので、プラス二価のイオンと結びつきます。海水に多いカルシウムやマグネシウムと結びつくと、沈殿物を形成します。

海水から二酸化炭素が減ると、大気中の二酸化炭素がまた溶け込んでいきます。カルシウムやマグネシウムは、海水にたくさん含まれている成分で、岩石にもたくさん含まれています。陸地の岩石から水に溶けて、川によって海に定常的に運ばれていきます。

しかし、海水中の炭酸イオン、海底の沈殿物、大気中の二酸化炭素には定常状態が保たれています。一定以上に沈殿が起きると、その沈殿は溶けます。海水中の炭酸イオンが少なくなると、大気中から溶け込み、このような平衡関係が成り立ちます。

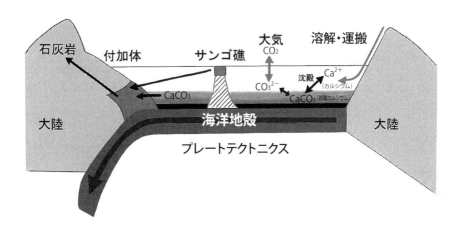

図 26　二酸化炭素の循環と大陸への貯蔵のプロセス

　炭酸カルシウムや炭酸マグネシウムは、固まると方解石やドロマイトという鉱物になり、気体のときの二酸化炭素と比べると、格段に小さなサイズになります。

　これらの結晶が地層として陸地にもち上げられると、固体として安定したものとなります。このような作用をするのが、プレートテクトニクスという地球の営みです。

　海に多様な生物が繁栄してくると、炭酸塩を殻や骨に利用するものが現れてきます。サンゴなどがその例です。サンゴは小さい生き物ですが、たくさん集まると島を取り囲むほど大きくなります。現在ではオーストラリアのグレートバリアリーフのように、1,000 キロを越すような巨大なものまであります。

　サンゴ礁は海の中にあると、やがて溶けてなくなりますが、地球の営みによって陸地に上げられれば、石灰岩として長く保存されます。

　陸地には、大規模な石灰岩地帯がいくつもあります。日本に

も大小さまざまな石灰岩が至るところにあり、陸地に植物が誕生すると、有機物として二酸化炭素を固定していきます。集まった有機物は石灰という固体として、大地の中に保存されます。これも二酸化炭素の固化の作用といえます。

5-3 全地球凍結（20億年前、7億6,000万年前〜6億年前）

　原生代の終りごろに、赤道の海まで凍ってしまう激しい氷河期が地球を覆いました。これは全球凍結（スノーボール・アース）と呼ばれています。

　1998年にハーバード大学のポール・F・ホフマンは、ナミビアの地質調査から、大規模な氷河期である全球凍結説を唱え、認められました。全球凍結説の証拠は、氷河堆積物や氷河地形などとして、原生代の終りに各地でも見つかります。

　「氷河堆積物」とは、氷河によって形成された堆積物のことで、ティライト、ヴァーブ、ドロップストーンなどがあります。

　「ティライト」とは、粘土や砂岩の中に大小さまざまな角礫を含む岩石で、大陸氷床の下流に形成されます。

　「ヴァーブ」とは、氷河の末端にできる湖で季節変化によってできる縞模様をもつ堆積岩です。

　「ドロップストーン」とは、氷河が海を漂い、氷の中の大きな石が縞状の堆積物の中に落ち込んだものです。氷河地形には、U字型、氷河擦痕、モレーンなどがあります。

　さらにスターチアン氷河期（7億6,000万年前〜7億年前）とヴァランガー氷河期（6億年前）の少なくとも2回の氷河期があったことがわかってきました。

ホフマンの全球凍結説によると、7億7,000万年前まで赤道付近にあった超大陸「ロディニア」が分裂を始め、6億年前には大陸は小さく分裂し、赤道付近に広がりました。

　赤道付近の大陸では雨がたくさん降り、大気中の二酸化炭素を溶かし、炭酸塩の沈殿物を作ります。大気中の二酸化炭素の急速な減少によって温室効果が衰え、温度が急激に下がります。すると大きな氷が極地域にできます。広い海にできた白い氷は体表の光を反射し、全球凍結へと向かいます。

　全球凍結の平均温度はマイナス50度、海面は1キロを超える厚さの氷に覆われていました。海洋から大気への水蒸気の供給がほとんどなくなると、雨が降らなくなり、大陸は冷たく乾燥した砂漠となっていきます。

　全球凍結期にも火山活動は続いていました。火山活動によって二酸化炭素は、大気中に定常的に供給されていきます。その二酸化炭素が大気中にたまっていくと、二酸化炭素の濃集によって温室効果が促進され暖かくなります。

　暖かくなっていくと海の氷が溶けて、やがて赤道付近では海が顔を出します。海から大量の水蒸気が発生すると、水蒸気も温室効果をもつので、激しい温暖化が起き、温暖期の平均気温は50度と推定されます。

　酷寒と酷暑が、少なくとも二度地球を襲い、生物には過酷な環境で、大絶滅が起こりました。

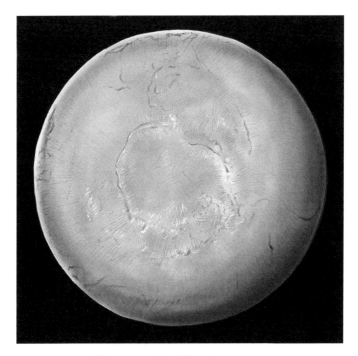

図27 スノーボール・アース

5-4 塩分地獄

　原生代後期、7億5,000万年前から5億5,000万年前ごろに
かけて大事な事柄が起きました。

　それは海水のマントルへの逆流です。海水のマントルへの逆
流は、浅い海でたまった地層が大量に形成されたことと、変成
岩の中に見られる鉱物が時代変化していることの二つの根拠か
ら推定されます。

　海水のマントルへの逆流によって、海の深さにすると、200～
300メートル分の海水がマントルに入ったと考えられています。
海水とはいっても、鉱物の中に水分だけが入りますので、海水に

溶けていた塩分は残り、海水から塩分が少なくなります。それだけではなく海水が減れば陸地が広がり、陸地の表面積は地球の10％くらいだったのが、現在の30％ぐらいまで広がったと考えられます。

　広がった大陸地殻では大河ができ、急激に浸食されはじめ、岩石の中の水に溶けやすい成分が、大河によって海水に加えられます。その結果、海水に溶けていた成分が、急激に変わり、中でも海水の塩分濃度が大きく変化したと考えられます。

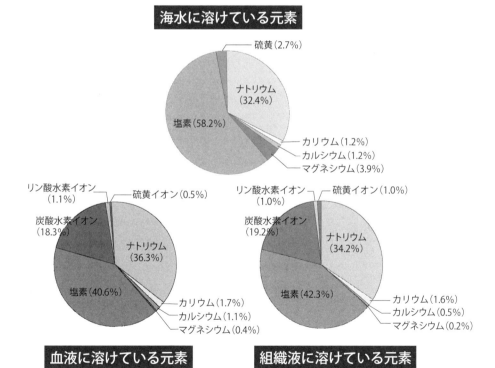

図28 海水と人間の血液・組織液の元素構成

海水のマントルへの逆流という事柄から、大陸の拡大、そして塩分濃度の上昇という事柄が連鎖して起こります。

　現在の海水の塩分濃度は3.5％で、それ以前はどのくらいの濃度であったかはわかっていませんが、薄かった塩分濃度が、濃くなっていったのです。

　この塩分濃度の変化は、生命にとって大きな出来事で、細胞の中の水分は、海水と平衡を保つために抜けていき、細胞は脱水状態を起こし、この脱水に耐えられない生物は絶滅するしかありません。

　ただしこの塩分濃度の変化には、2億年という長い時間がかかりましたので、生物にも対応するために十分な時間が与えられていたのです。今生きている生物は、この塩分濃度の海に対応できた生物の子孫なのです。

6　古生代前期(5億4,200万年前〜4億4,370万年前)

6-1　カンブリア紀の生命大爆発(生物の進化)

　原生代の次は、顕生代と呼ばれ、古生代（5億4,200万年前〜2億5,100万年前）、中生代（2億5,100万年前〜6,550万年前）、新生代（6,550万年前〜現代）の三つに区別されます。

　顕生代の特徴は、生物が現れて繁栄してきた時代で、化石から見ると、原生代まで海の中で細々と暮らしていた生物が、顕生代から爆発的に繁栄したことがわかります。

　なぜそのように爆発的に生物が繁栄したのかは、原生代終り

の環境変化が原因だと考えられています。その環境変化とは、全球凍結と海水のマントルへの逆流、そしてそれに伴う海水の塩分濃度の上昇でした。

　激しい環境変化によって、生物の多くが絶滅しましたが、その過酷な環境を生き延びた生物が、次の時代に爆発的に繁栄し、原生代末のベンド紀からカンブリア紀（VIC 境界）にかけて起こった生物の進化を「カンブリア紀の大爆発」と呼んでいます。

　なぜカンブリア紀に生物が爆発的に生まれたかは、化石からわかります。化石の産出する場所は少ないのですが、それらの

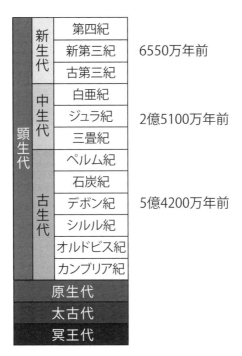

顕生代	新生代	第四紀	
		新第三紀	6550万年前
		古第三紀	
	中生代	白亜紀	
		ジュラ紀	2億5100万年前
		三畳紀	
	古生代	ペルム紀	
		石炭紀	
		デボン紀	5億4200万年前
		シルル紀	
		オルドビス紀	
		カンブリア紀	
原生代			
太古代			
冥王代			

図 29 地質時代区分

オーストラリア西部のインド洋に面したシャーク湾で見られる大量のストロマトライト。南アフリカの沿岸でも見ることができる。ストロマトライトとはシアノバクテリアと砂泥が層となって岩石化した堆積岩である。

図30 ストロマトライト

産地からは大量の化石が出るので十分な証拠となります。

　化石には今までにはない多数の生物が含まれていて、まるであらゆるタイプを、試行錯誤で作ったかのように多種多様な生物が生まれました。

　その中には、現在生きている動物の分類群のすべてが含まれていました。その分類群の中でも重要なものとして、殻と脊椎をもつ動物の出現が上げられます。

　今の生物で、貝などの殻は炭酸カルシウムが多いのですが、

炭酸カルシウムの殻だけでなく、リン酸カルシウムや硫化鉄の殻をもったものまで誕生しました。カンブリア紀の直前から最初期にかけて、小さな殻をもつ生物が大繁栄しました。

　脊髄をもつ動物として、脊椎動物の祖先にあたる原索動物が、中国の澄江（ちぇんじゃん）で見つかったカタイミルス、他にもユンナノゾーンやミロクンミギアなどが見つかっています。過酷な環境を乗り越えたあと穏やかな環境が戻り、生物は一気に発展できました。

6-2　陸上生命誕生（地殻変動で山脈形成）

　地球の環境を考える上で造山運動（山脈を形成）は重要な役割があります。

　大規模な造山運動は、プレートの衝突によって説明できます。プレートの衝突によって大陸の間にあった海が閉じて、海にたまった大量の堆積物が陸地となり、山脈となります。山脈の地下深部では、変成岩や花崗岩が形成されます。

　古生代には、カレドニアとバリスカンと呼ばれる二つの造山運動がありました。

　「カレドニア造山運動」は、原生代末からデボン紀にかけての活動で、その証拠は、現在の北米大陸東岸のアパラチア山脈、アイルランド、ノルウェー、グリーンランド東岸などに残されています。

　「バリスカン造山運動」は、カンブリア紀から石炭紀にかけての活動で、石炭紀には地層の変形、変成作用、花崗岩の貫入等の変動が起こりました。バリスカン造山運動の証拠は、チェ

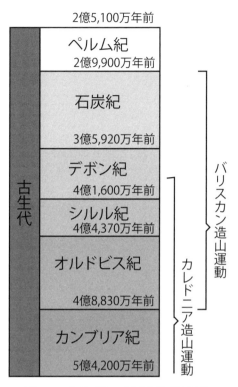

図31 古生代の地質時代区分

コ西部、ドイツ中央部、イギリス南端部、イベリア半島などで見られます。

　カレドニア造山運動の終りごろ、シルル紀に空気呼吸可能なサソリ類が、シルル紀末には最初の陸上生物が見つかっています。

　デボン紀には最初の森林が形成されて、淡水魚、最初の昆虫、最初の両生類など陸上生物が進化してきました。

　バリスカン造山運動の終りのリーク海の消滅時（石灰紀後期）には、完全に陸上生活ができる原始的な爬虫類や多様な昆

虫類、クモ類、カタツムリ類、ゴキブリ類が出現しました。

　低湿地帯では鱗木や裸子植物である針葉樹からなる巨木な森林が出現しました。古生代の２回の造山運動は、生物の進化を促し、消えゆく海から陸上に上がった生物が生まれました。

7　古生代後期(4億4,370万年前〜2億5,100万年前)

7-1　新しいタイプの生命誕生

　古生代から中生代にかけての時代境界（P–T境界、２億5,100万年前）では、確実な原因はまだ特定されていませんが、生物の大絶滅がありました。しかし大絶滅があったとしても、生物が全滅していなければ、生き残った生物の多様化の新しい旅立ちとなります。

　顕生代の生物は、大きく分けて三つに分類できます。カンブリア型、古生代型、現代型です。

　「カンブリア型生物」とは、カンブリア紀（５億4,200万年前〜）に出現した多様な生物で、体に硬い組織をもつ海生無脊椎動物が繁栄しました。特徴的な動物として、三葉虫や古盃動物（礁を作った生き物）が上げられます。

　カンブリア型の生物は、現在知られている無脊椎動物のすべての種類がそろっていますが、オルドビス紀（４億8,830万年前〜）以降になると徐々に勢力を失い、古生代の終りに絶滅しました。

　オルドビス紀には、次の「古生代型生物」が出現します。そ

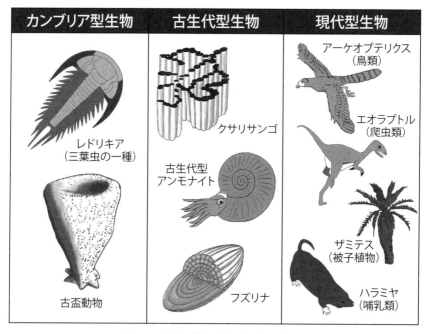

図 32 顕生代の代表的な生物

の変化は突然ではなく、カンブリア型生物もいましたが、徐々に
古生代型生物の勢力が優勢になって、入れ替わっていきました。

　古生代型生物は、古生代型サンゴや古生代型アンモナイト、
フズリナ、三葉虫など海の生き物が主でしたが、植物は海から
陸へと進化していきます。

　「現代型生物」も、やはりオルドビス紀からはじめています
が、栄えたのは中生代以降です。現代型生物は新しいタイプの
生物で、現在の生物につながるものです。主に鳥類、爬虫類、
最初の哺乳類などです。

　このような三つの生物型の変化は、大きな枠組みの生物の変
化ですから、徐々に変わっていくはずなのですが、古生代と中

生代の境界（P–T 境界）の変化だけが急激に起こっています。

　カンブリア型生物がいなくなり、古生代型生物の勢力が弱まり、現代型生物が主流となっていく、この交代劇は、P–T 境界の大絶滅がいかに大きなものであったかを示しています。

8　中生代前期(2億5,100万年前〜6,550万年前)

8–1　恐竜の時代(爬虫類の繁栄)

　中生代は、三畳紀（2 億 5,100 万年前〜 1 億 9,960 万年前）、ジュラ紀（1 億 9,960 万年前〜 1 億 4,550 万年前）、白亜紀（1 億 4,550 万年前〜 6,550 万年前）に分けられています。

　中生代の特徴は、現在につながる時代で、古生代末にできた「パンゲア超大陸」が分裂して、温暖な環境のもとで現代型生物が繁栄する時代です。中生代を通じて温暖で安定した気温が続き、この穏やかな環境が陸上生物の発展をもたらしました。

　陸上生物でも特に恐竜が多様化して「恐竜の時代」ともいうべき時期でした。恐竜の仲間は地球のほぼ全域に進出し、陸だけでなく、空には翼竜が、海には魚竜がいました。

　なお、分類上は竜盤類と鳥盤類だけが恐竜とされていて、翼竜、魚竜等は恐竜には含まれていませんので、正確には「爬虫類の時代」というべきかもしれません。

　陸上の恐竜は恒温性をもっていた可能性もありますが、変温性であっても暖かい時代で、白亜紀は、年平均気温が現在より10 〜 15 度も高かったので、氷床はほとんど溶け、海水面が上

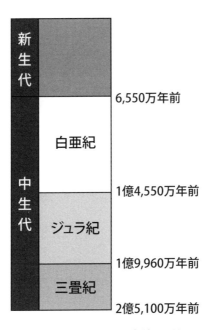

図33 中生代の時代区分

新生代		
中生代	白亜紀	6,550万年前
		1億4,550万年前
	ジュラ紀	
		1億9,960万年前
	三畳紀	
		2億5,100万年前

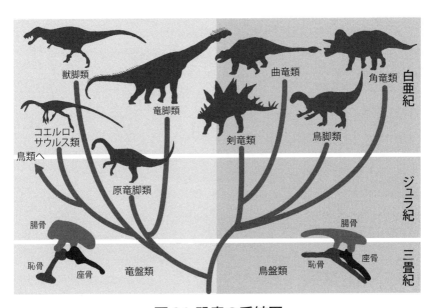

図34 恐竜の系統図

昇して海進が起こっていました。

　海洋生物が繁殖して生産量が増え、有機物が地層状にたくさん蓄積され、この時代に石油がたくさん形成されました。

　中生代の温暖化のそもそもの原因は、パンゲア超大陸を分裂させたスーパーホットプルームにあったと考えられます。

　スーパーホットプルームとは、地球深部から上がってきた暖かいマントルの上昇流で、長期にわたって火山活動が起こり、パンゲア超大陸の分裂は、古生代と中生代の境界で起こった事柄で、その後も活発にこの巨大プルームが活動していました。

　プルームによる激しい火山の噴火によって大量の二酸化炭素が放出され、その二酸化炭素の温室効果で平均気温が上昇したと考えられています。

9　中生代後期(6,550万年前〜6,500万年前)

9-1　恐竜時代の終り(K-T境界)

　中生代と新生代の時代境界は6,550万年前で、K-T境界と呼ばれていて、このK-T境界で恐竜が絶滅しました。

　K-T境界で絶滅したのは、恐竜だけではなく、陸上の動物や海生の動物、植物もたくさん絶滅しました。

　ある古生物学者の説によると、当時の全生物種の60〜70%が絶滅したと推定されています。原生動物や藻類にいたっては、属という分類で90%が絶滅したと言われています。

　古生代から中生代の時代境界（P-T境界）の大絶滅に較べ

ると比率は小さいですが、それでも大絶滅です。

その絶滅については、多くの研究者が原因を追究し、いろいろな説が提唱されましたが、定説というものがありませんでした。

1997年、隕石衝突が原因という新説が現れました。隕石衝突説は、ある化学分析から生まれ、それが今や定説となっていますが、その説に落ち着くまでは紆余曲折がありました。

カリフォルニア大学のウォルター・アルバレスが、イタリアのグッビオと呼ばれる地域で、K-T境界の地層を研究していました。この地層では白亜紀の化石はたくさんあるのに、境界から上の新生代の地層には化石がほとんどありませんでした。境界部は1センチほどの粘土層で黒っぽく、煤がたくさん含まれていました。

ウォルターの父ルイス・アルバレスは、K-T境界の上下にある化石を化学分析した結果、そこには地表にはほとんどない元素が見つかりました。その元素はイリジウムと呼ばれる白金（プラチナ）の仲間の元素です。イリジウムはK-T境界に濃集していて、その量は、周りの地層の数倍でした。

イリジウムは、地殻を作る岩石にはほとんど含まれていませんので、K-T境界では、当時、イリジウムをたくさん地表に濃集させる事柄が起こっていたはずです。その事柄をアルバレスたちは、隕石の衝突と考えたのです。

なぜ隕石かというと、隕石には地殻の岩石に比べて10万倍も多くのイリジウムが含まれているのです。ですから隕石の衝突によって、イリジウムが地表のいたるところにまき散らされ

たと考えたのです。

9-2　恐竜及び生物の絶滅 (隕石の衝突)

隕石衝突説の概要を見ていきます。

世界各地のK-T境界からも、イリジウムの濃集が確認されているので、地球規模の事柄であったことは確かです。

まずわかっていることは、K-T境界にあったイリジウムの量です。イリジウムの量に地球の表面積をかければ、地球全体のK-T境界にあるイリジウムの全量が計算できます。

普通の隕石に含まれているイリジウムの量はわかっていますので、地球全体にばらまかれたイリジウムの量から、落ちた隕石がどれほどのサイズかがわかります。

最初にK-T境界のイリジウムが測定されたイタリアのグッビオの粘土層からの推定では、直径6.6キロの隕石と計算されました。またデンマークの粘土層に含まれるイリジウムからは、直径14キロと計算されました。誤差は大きいですが、直径10キロほどの隕石が衝突したと考えられます。

衝突の一番の証拠は、隕石によってできたクレーターを見つけることです。当初K-T境界の大きなクレーターは知られていませんでした。しかし現在、メキシコのユカタン半島で隕石の衝突クレーターが見つかっています。そのクレーターは人工衛星による探査で見つかり、現地での物理探査によって存在が確認されました。

衝突でできたクレーターは、直径180キロもあることがわかってきました。しかし、クレーターのデータは、すでに存在

していました。現地の人が利用していた泉がクレーターの縁に沿って点々とあり、石油探査でも海底で埋まっている大きなくぼみは知られていました。こうして衝突現場は突き止められました。

　他にも隕石の衝突の証拠が見つかっています。衝突でできたと思われる石英の特殊な組織があり、衝突のときに溶けた岩石のガラス、巨大津波でできた地層、衝突で起こった大火災による煤などが見つかりました。

　また他の多くの説を否定する証拠もあります。隕石の衝突によって大絶滅があったとすると、そのときまでは生物の絶滅の兆しはなく、その日に絶滅が突然起こったという証拠を示すことが重要です。

　そこでK–T境界前の地層を調べ直したところ、K–T境界までその生物は生存していたことが確認されました。そして絶滅は非常に短い期間で起こったことが確認されました。

　直径10キロの小天体が落下すると、広島原爆の70億個分のエネルギーが一気に放出されます。超巨大津波が発生し、大火災が起こり、塵や煤、ガスなどが成層圏まで大量に舞い上がり、太陽光をさえぎって、地球を寒冷化させます。そして光合成植物が絶滅し、食物連鎖の基礎が崩壊するということです。草食動物や肉食動物も、寒さと飢えで絶滅していったと考えられています。

10 新生代(6,500万年前〜)

10-1 哺乳類誕生

　新生代には、生物種に大きな変化がありました。新生代に入って哺乳類と被子植物の多様化が起こり、その原因は、中生代末のK−T境界の生物大絶滅と、新生代の寒冷化した気候だと考えられます。

　中生代末のK−T境界の事柄では、それまで大繁栄していた生物が大絶滅しました。このとき生き延びた生物は、のちの地球の環境を自由に独占的に使えました。

　爬虫類の誕生と同じころの石炭紀後期の哺乳類は、単弓類として現れました。しかし中生代は恐竜の仲間が地球を支配していたので、哺乳類の祖先は細々と生きていました。新生代になってから恐竜たちがいなくなると、哺乳類は新しい環境を支配していきます。

　新生代の初期には動物の種類もそれほど多くなく、小型の哺乳類と巨大な鳥類が陸上にいました。

　約5,500万年前から、気候は寒冷化していきます。更新世になると氷河期が繰り返し訪れて、寒さに強い動物が有利になります。動物では体温が一定の恒温性をもつ哺乳類が有利になり、大いに栄えました。

　恐竜の子孫である鳥類も恒温性をもっていますが、住みやすい陸地はすでに哺乳類が支配していました。

　ですから鳥類は仕方なく空へと進出しました。哺乳類の支配の少ないところでは、エミュー、ダチョウ、キウイなどの飛ば

地質時代

新生代	第四紀	完新世	期	1万年前
		更新紀	後期 中期 カラブリアン ジェラシアン	181万年前
	新第三紀	鮮新世	ピアセンジアン ザンクリアン	533万年前
		中新世	メッシニアン トートニアン サーラバリアン ランギアン バーディガリアン アキタニアン	2300万年前
	古第三紀	漸新世	チャッテイアン ルペリアン	3390万年前
		始新世	ブリアボニアン バートニアン ルテシアン ヤプレシアン	5550万年前
		暁新世	サネティアン セランディアン ダニアン	6500万年前
中生代	白亜紀	後　期	マーストリヒチアン	

図35 新生代時代区分

（180万年前から78万年前イタリアカラブリア側地中海沿岸のブリカ地帯の地質時代区分）

ない鳥も生まれました。やがて海に進出する哺乳類も生まれ、恐竜の仲間が中生代に支配したときと同じような状況になっていきました。

　植物でも交代劇が起こり、植物の進化は、古生代に陸上に進

出して以来、乾燥に耐え、多くの子孫を残すための、より良い仕組みを作ることでもありました。

中生代までは裸子植物が栄えていましたが、新生代になると被子植物が台頭します。被子植物は裸子植物と違って、種を作る子房で包まれた花をもち、乾燥したところでも受精できる仕組みをもっています。

被子植物の最古の化石は、白亜紀前期のものが見つかっていて、白亜紀の終りころから新生代前期にかけて被子植物が大いに発展しました。

被子植物の発展の場は、主に陸上で、陸上植物は陸地の気候変化を非常に受けやすいので、多様な被子植物が生み出されたのは、多様な陸上の環境によるものかもしれません。

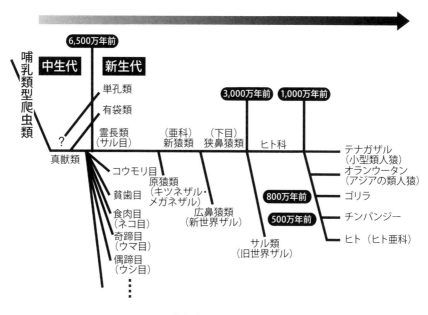

図 36 哺乳類の進化の歴史

10-2 ヒトの誕生

人類は哺乳類動物の中の霊長類に分類される生物です。その霊長類が出現したのは約6,500万年前、恐竜が絶滅する少し前といわれています。

2,500万年前から700万年前の、類人猿によく似た動物は、アフリカやユーラシア大陸で広範囲に渡り分布していました。木の上で生活し、木の実などを食べて暮らしていました。

やがて2,500万年前くらいになると木から降りて生活するようになります。これは当時の地球は雨の量が全体的に減少し、森が少なくなったためといわれています。食事も木の実から草原に生える草の実や根っこへ変化していきました。

500万年前、人類と類人猿が分かれ、このころから人類は他の動物と異なった、独自の進化を遂げはじめました。

人類は進化するにつれ、多種多様な道具を使うようになり、脳の量も増えていき、顔や歯はだんだんと小さくなっていきました。

人類の進化は「アウストラロピテクス」と呼ばれる猿人に始まります。彼らは400万年前、断片的な証拠では500万年前に現れ、150万年前には姿を消しました。

アウストラロピテクスは、直立歩行する初めての生物でした。彼らの脳の大きさや歯、あごの形によって4種類に分類され、アファレンシス、アフリカヌス、ロブストゥス、ボイジイで、いずれもアフリカの南部、東部に暮らしていました。

アウストラロピテクスの後に登場したのは、ホモ・ハビリスで、ホモ・ハビリスもアウストラロピテクスと同様、猿人の分

類です。人類はアウストラロピテクスとホモ属、二つの種類の祖先から進化したと考えられます。

　「ホモ」は「ヒト」という意味で、ホモ属はアウストラロピテクスの中のアフリカヌスから200万年〜150万年前ころに進化したといわれていますがはっきりとわかってはいません。

　ホモ・ハビリスは東アフリカの各地で生活し、石器を使用していました。この名前、ホモ・ハビリスは「器用なヒト」という意味です。

　160万年〜150万年前には、脳が大きくなり、歯が小型になったホモ・エレクトウスが現れました。「原人」ともいわれています。

　ホモ・エレクトウスも、始めはそれまでのヒトの祖先と同じ

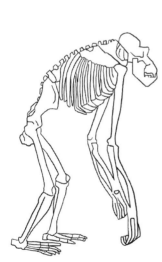

ゴリラ		ヒト
小さい	頭蓋容量	大きい
あ り	目の上の骨の隆起	な し
突 出	上下のあご骨	平 ら
強 大	犬 歯	小さい
な し	おとがい＊	あ り
斜めに開 口	大後頭孔〔頭骨から脊髄がでる穴〕	真下に開 口
長 い	手	短 い
縦 長	骨盤の形	横 長
短 い	脚	長 い

＊おとがいとは、下あごの先端の突起部のこと

図37　ゴリラとヒトの比較

くアフリカの東部と南部だけで生活していましたが、100万年前くらいからユーラシア大陸へと移動しました。

　中国の北京原人、インドネシアジャワ島のジャワ原人などはホモ・エレクトウスの分類です。技術の面でもそれ以前のものよりはるかに発達し、さまざまな石器をはじめとする、本格的な道具の製作が行われるようになりました。また火を使用していたことも確認されていました。このように、ヒトの活動は次第に効率的で、複雑なものへと変化していきました。

10-3　氷河期

　新生代は寒冷化が進んでいる時代で、更新世になると何度も氷河期が訪れました。特に70万年前ごろから、約10万年周期で寒い氷河期と暖かい間氷期が繰り返し訪れました。

　氷河期には、陸地の多い北半球で広く氷河が発達しました。氷河の氷の量は現在の3倍ほどあったと考えられています。

　氷河として大陸の大量の氷が保存されると、その分海水が減り、海水面が下がります。これを海退といい、氷河期の海退で100メートル以上も海が浅くなりました。日本列島は大陸と陸続きとなり、大陸から生物が渡ってきました。

　最後の氷期は1万年前に終わりましたが、現在は間氷期にあり、やがて氷河期が再度来るのではないかと推定されています。

　氷河期の原因として、可能性の高い説は、1930年に唱えられたミランコビッチの説です。

　地球は自転をし、月は地球の周りを巡り、地球も太陽の周り

を公転しています。しかし、それぞれの運動はきれいな円運動ではなく楕円運動です。その楕円運動も、ほかの惑星の影響を受けて変動します。

この影響はゆっくりとしたものなので気づきにくいのですが、長い時間をかけて周期的に変化が起こります。このような周期的変動を「ミランコビッチ・サイクル」と呼びます。

ミランコビッチは、歳差（自転軸の首振り運動）、離心率の変化（公転軌道の変化）、章動（地軸の傾斜の周期）という三つの地球の運動によって周期的な変動が生じると考えました。

図 38 新生代の環境

ミランコビッチ・サイクルには、歳差で2万5,800年、離心率で10万年、章動で4万年という周期がありました。この周期で太陽の日射量の変化が起こることが予想されます。日射量の変化は、地球の表面の温度を大きく変化させます。

　ミランコビッチは緯度10度ごとに100万年まで周期性を計算し、過去の氷河期と間氷期の繰り返しを説明できるとしました。これは仮説ですが、有力な説です。

11　地球と人類の未来

11-1　地球の未来

2022年（令和4年）
　○太陽活動活発化（太陽活動11年周期説）。太陽の活動化で通信障害が心配される。

2030年（令和12年）
　○オゾン層の破壊が再び増加に転ずると予想される。
　○9月21日小惑星状物体が月までの距離の11倍まで地球に接近する。

2034年（令和16年）
　○10月、日本で「木星食」が見られる。
　○11月17〜19日、しし座流星群33年周期の極大の年。

2035年（令和17年）
　〇9月2日、日本で「皆既日食」が見られる。

2039年（令和21年）
　〇土星の輪が消失減少観測。

2061年（令和41年）
　〇ハレー彗星の接近が予想される。

2079年
　〇確率1,000分の1で地球に大隕石衝突か。

100年後（22世紀）
　〇地球温暖化が進み、地球全体の平均気温が2.5度〜3度高
　　くなるという説がある。この温暖化により、海水面が約
　　80センチ高くなる見込み。
　〇日本における平均気温は、21世紀初頭と比較して1〜2
　　度上昇し、台風の数や年間雨量が約2倍になると予測さ
　　れる。

2438年（400年後　25世紀）
　〇太陽系惑星直列。

約10万年後〜
　〇数十万年後、大マゼラン星雲が銀河系に接近して衝突する

だろうと推定されている。

約1億年後
〇太陽が膨張しはじめる。

約10億年後
〇太陽は膨張を拡大し続けて、約13億年後、地球軌道のあたりまで達する見込み。
〇太陽はさらに膨張を続けながら、約数十億年〜100億年後まで輝き続けると推定される。

約40億年後
〇銀河系小宇宙とアンドロメダ小宇宙の衝突が予測される。

約50億年後
〇太陽とともに地球も燃えつきてしまうと予測される。

約60億年後
〇銀河系とアンドロメダ星雲がそれまでに何度か衝突を繰り返しついに合体して一つの星雲になると考えられている。

約100億年後
〇太陽の大爆発により、太陽はガスと塵の集団となり、やがてガスと塵は少しずつ集まり、新たな星の誕生となると予測される。

11-2　人類の未来

　最近問題になっているのが、スペースデブリと呼ばれるもの
で、それは人工衛星を原因とする、地球の周りに漂うゴミのこ
とです。

　運用の終わった人工衛星であったり、人工衛星を運んだロ
ケットの残骸であったりとさまざまで、小さなものは数セン
チのものから大きなものは 10 メートルを超えるものまであり
ます。

　低軌道にあるスペースデブリは、地球の引力に徐々に引き寄
せられ、地表に落下していき、多くのものは大気との摩擦に
よって燃えつきてしまいますが、1 万メートルを超える軌道に
漂うものはいつまでも宇宙空間に留まり続けます。そのため、

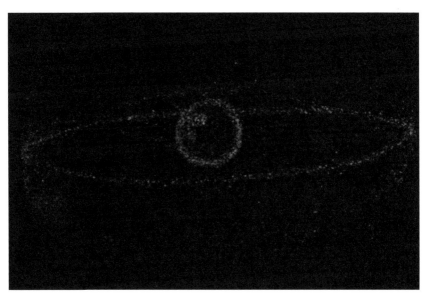

図 39 スペースデブリ

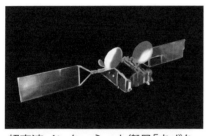
超高速インターネット衛星「きずな」

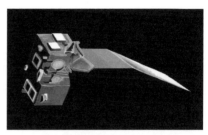
海洋観測衛星「もも1号」

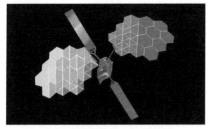
技術試験衛星「さく8号」

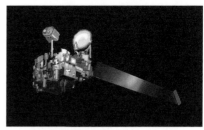
環境観測技術衛星「みどりⅡ」

温室効果ガス観測技術衛星「いぶき」

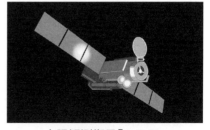
太陽観測衛星「ひので」

図40 日本が打ち上げたさまざまな人工衛星の一部

スペースデブリが、運転中の人工衛星に衝突するような事故が発生するのではと心配されています。

　実際、国際ステーションでは、スペースデブリを避けるために、軌道を修正することも行われています。NASAではスペースデブリを常時観測しており、その分布状況は数センチのものも含め常に把握しています。

人工衛星が飛び交う空間は広いので、今のところあまり心配はないようですが、スペースデブリの速度は時速 1,000 キロを超えるため、万が一衝突したときには大きな被害が発生することが考えられますが、スペースデブリを除去する手段は今のところありません。

2024年（令和6年）

　〇日本の人口が 1 億 2,000 万人を切ると推定される。

2025年（令和7年）

　〇世界人口が約 82 億人に達する見込み。

　〇食料は西暦 2000 年の約 2 倍に達する見込み。

2030年（令和12年）

　〇人間臓器の再生医療が盛んになり、他人からの臓器移植がなくなる時代と推定される。

　〇中国の人口が 16 億人に達する見込み。

　〇ロボットが現在の携帯電話並みに広がる見込み。

2038年（令和20年）

　〇コンピューター 2038 年問題。

2050～2070年（約50年後）

　〇世界の人口が約 100 億人に達する見込み。

　〇量子コンピューターが普及する。

○地下都市が登場する予定。

○空中に映像を映す技術が実用化。

○21世紀中ごろ、火星への有人宇宙飛行が実現する見込み。

2095年

○日本の人口が 6,000 万人台に。

約100年後（22世紀）

○人の月への移住が実用段階に入ると予測される。

○月の資源利用が盛んになり、月での環境問題も取りざたされるようになる。

○遺伝子情報の売買が盛んになり、自分の思い通りの子供を産むようになるだろう。

約200年後（23世紀）

○火星への移住が実用段階に入る。

約1,000年後（31世紀）

○食事をしない代わりに、人間は特殊なスーツを身につけ、太陽エネルギーや空気中の二酸化炭素、窒素などを栄養として取り込めるようになる。

○夢の仕組みがすべて明らかになり、好きな夢のプログラムを自由に選択して見られるようになる。

約1万年後

　○コンピューターの概念が全く変わり、コンピューターの
　　設計者は遺伝子の配列を設計し、自己増殖する生物コン
　　ピューターを生産するようになる。

　○星間旅行が自由に行えるようになる。

約1億年後

　○太陽の膨張に伴い、人類は地球の外を回る土星や木星など
　　に移住を始め、最終的には太陽系から脱出する方法を模索
　　すると予測される。

　　　1光年＝光が1年間に進む距離

　　　　　＝約9兆5,000億キロメートル

　　　　　＝約6万天文単位

　　　1天文単位＝地球と太陽の距離

　　　　　　　＝1億5,000万キロメートル

　　　0 K＝絶対0度

　　　　　＝あらゆる物質が凍る

　　　　　＝－273度

図 41 月面の人類の足跡

参考文献

竹内　薫『最新宇宙論の基本と仕組み』秀和システム　2010

二間瀬敏史『図解雑学　宇宙論』ナツメ社　2004

小出良幸『早わかり地球と宇宙』日本実業出版社　2006

谷合　稔『「地球科学」入門』ソフトバンククリエイティブ　2012

〔著者紹介〕

上室 勇（かみむろ いさむ）

昭和18年9月生まれ　鹿児島県出身
昭和43年　大阪工業大学卒業後機械設計の仕事にたずさわる。
主な著作『僕の名前は心臓勇です』
主な作詞「平和への願い」「母の歌」

宇宙と地球と人類の誕生と未来

2023年2月7日　第1刷発行

著　者　上室　勇
発行者　宮下玄覇
発行所　**MP**ミヤオビパブリッシング
　　　　〒160-0008
　　　　東京都新宿区四谷三栄町11-4
　　　　電話(03)3355-5555

発売元　株式会社 宮帯出版社
　　　　〒602-8157
　　　　京都市上京区小山町908-27
　　　　電話(075)366-6600
　　　　http://www.miyaobi.com/publishing/
　　　　振替口座 00960-7-279886

印刷所　モリモト印刷株式会社

© Isamu Kamimuro 2023 Printed in Japan　ISBN978-4-8016-0289-2 C0044